虫洞书简⑤

给青少年的88堂人生启示课

王溢嘉 著

台海出版社

北京市版权局著作合同登记号：图字 01-2022-0710

图书在版编目（CIP）数据

虫洞书简 . 5, 给青少年的 88 堂人生启示课 / 王溢嘉
著 .-- 北京 : 台海出版社 , 2022.5
ISBN 978-7-5168-3274-5

Ⅰ . ① 虫… Ⅱ . ① 王… Ⅲ . ① 心理学—青少年读物
Ⅳ . ① B84-49

中国版本图书馆 CIP 数据核字（2022）第 060447 号

虫洞书简 . 5，给青少年的 88 堂人生启示课

著　　者：王溢嘉	
出 版 人：蔡　旭	封面设计：末末美书
责任编辑：赵旭雯　魏　敏　高惠娟	

出版发行：台海出版社
地　　址：北京市东城区景山东街 20 号　　邮政编码：100009
电　　话：010-64041652（发行，邮购）
传　　真：010-84045799（总编室）
网　　址：www.taimeng.org.cn/thcbs/default.htm
E-ma i l：thcbs@126.com

经　　销：全国各地新华书店
印　　刷：三河市嘉科万达彩色印刷有限公司
本书如有破损、缺页、装订错误，请与本社联系调换

开　　本：880 毫米 × 1230 毫米　1/32	
字　　数：150 千字	印　张：8.5
版　　次：2022 年 5 月第 1 版	印　次：2022 年 5 月第 1 次印刷
书　　号：ISBN 978-7-5168-3274-5	

定　　价：49.80 元

大千世界，万象心灵

有些人因"复杂"而伟大，有些人因"简单"而伟大。

"欧洲知识界的神童"伏尔泰几乎什么都懂，他作诗，写小说，评论、戏剧、哲学辞典，演算数学，用望远镜观察星辰，关心宗教而又反宗教，替穷人建住宅，为失业的人办工厂，鼓吹革命，逃脱逮捕，一生充满了传奇、喧闹与迭起的高潮。日本古文辞学派的创始者荻生徂徕，二十五岁以前，一直在父亲被放逐的穷乡中孤独生活，因无事可做，而一再默写家中唯一一本像样的书——《大学》，并因为这种纯一，使他对古文的文质有了敏锐的感觉和浓厚的兴趣。

有些人因坚持信念而成功，有些人因改变信念而成功。

在十五世纪末，"由欧洲向西航行可以抵达印度"还是一个可疑的观点，但哥伦布以无比坚定的信念率船队西航，在大西洋上克服了船员的怀疑动摇与阴谋叛变，终于发现了美洲新大陆，但他仍坚信他所发现的就是"印度"。从小就对海洋有兴趣，渴望到非洲的康拉德，如愿以偿地成为一个优秀的远洋轮船船长，但在三十七岁那年，他却突然拿出纸和笔，开始写小说，最后他放弃了航海的志向，成了一名杰出的小说家，之后人们因为他的小说认识了曾经当过船长的康拉德。

有些人因生活规律而受益，有些人因生活混乱而受益。

德国哲学家康德是一个生活很有规律的人，他每天早上四点四十五分起床，每天下午四点外出散步，他就像一座活动的钟表，邻近的人都以康德走过自家门口的时刻来调整他们的时钟。除了有一次他因事到格但斯克，他从未离开过他的家乡哥尼斯堡（现称加里宁格勒），也许是因为他的生活过于规律，他得以写出《纯粹理性批判》这样的经典之作。法国哲学家笛卡尔是一个生活非常混乱的人，他身体虚弱，经常赖在床上，打盹与昏睡是家常便饭，而且他过着居无定所的漂泊生活。在荷兰的那段日子，算是他最安定的时候，但也搬了二十三次家。不过他有着非常明晰的哲学观念，也许是因为这种混乱的生活与明晰的观念，使他得以提出"心物二元论"的伟大思想。

当我们从古往今来的伟人身上撷取生活的智慧、人生的启示时，经常会发现，人生充满了各种"不可预期性"，很难有什么简单、明确的指引法则，但这并不是说前人的经验就无法提供我们什么启示，而是我们在面对它们时，需要靠自己的智慧去筛选。

王溢嘉

目录

一位发明家十岁的儿子，

为什么能摆脱他父亲的思路局限，

提出令父亲大为震惊的创意见解？

——引言

不一样的眼光

主题　走出思路局限

麦克里迪是一个非常有创意的人，他曾经设计出飞越英吉利海峡的人力飞机及太阳能飞机。有一次，他教十岁的儿子玩表面张力的游戏——也就是让针浮在水面上的游戏。麦克里迪在年轻时就对这个物理实验很有心得，所以他教儿子如何将针放到水面上的各种技巧，比如用钩子、磁铁等，然后看看水面能浮起多大的针。

　　十岁的儿子玩着玩着，最后好像觉得有点麻烦，于是对他的父亲说："我们为什么不先将水凝成冰块，将各种针放在冰块上，然后等冰块融化，这样不就可以知道它能浮起多大的针了吗？"

　　儿子的想法让麦克里迪感到吃惊，因为这个方法是他从未想过的。他一直将思路局限于如何将针放在水面的技巧上，而对物理学一窍不通的儿子，却用"不一样的眼光"来看这个问题，并得到了完全不同，甚至是更好的方法。

我们可以说，麦克里迪的儿子运用了心理学家爱德华·德·波诺所说的"水平思考法"。当然，十岁的小孩子也不知道什么叫作"水平思考法"，我们应该说，他是在不受任何既定理论、方法的诱引下，也就是在没有任何成见下，自然想出来的答案。

　　所谓"教育"，其实就是学习用某一种眼光，从某一个角度去看问题。"人不学，不知义"，但人也必然受其学习与经验的影响，形成颇为固定、僵化的观念，而以一种"不自觉的惯性"来观察或思索问题。

　　历史上伟大的发明和发现，都是有人打破这种"不自觉的惯性"，改用"不一样的眼光"来看事物，结果就看到了别人看不到的，想到了别人想不到的。也因此，这些伟大的创造者通常像麦克里迪的儿子那样，是年轻的（当然不像他那样年幼）、习染不深的，或者像库恩在《科学革命的结构》里所说的，是刚从某个领域闯进另一个领域的"新手"。

在三十七岁以前，

以海洋为家的康拉德从没有写过任何东西。

有一天，他因无船出海而拿起笔来……

——引言

船员变成大作家

主题　改变

一八八九年秋天，一个生于波兰，但在英国商船上服务了十一年的船长，因为没有船出海而暂时寄居在伦敦的客寓里。

　　有一天早晨，他吃过早餐后，无事可做，于是在桌前摊开纸，开始写一年前他航行到加里曼丹岛和苏拉威西岛运载橡胶及甘蔗时，旅途中遇到的一个男人的故事。这部小说即是有名的《阿尔迈耶的愚蠢》，而这位船长就是后来陆续写出《黑暗的心》《台风》等不朽作品的康拉德。

　　康拉德后来在回忆里写道："在写那本小说之前，除了写信外，我从未写过任何东西，而信也写得很少。"身为一名船员，一定有过很多有趣的经历，但他说："我从未用笔记录生活里的事件、印象或奇闻逸事。"事实上，他过去一直是个勤劳而称职的船员，所以才有机会升任为船长。

　　他是一个热爱海洋的人。但这个一直以海为家的人，在三十七岁的时候，因为无船出海，而坐在桌前摇身一变成为一个与文字为伍的作家。更令人惊讶的是，他不是用他的母语波兰语，而是用英语来写作。

康拉德的传奇性转变，不仅是文学史上为人所津津乐道的一个奇迹，也是个人生活转变的一个奇迹。

康拉德的故事告诉我们有关人类本质的一则真理：个人是可以改变的。虽然并不是每一个人都能像康拉德一样，抛弃自己所熟悉的行业，忽然转入另一种完全不同的行业，而且获得出人意料的成功。但每一个人随着年岁的增长、环境的变迁或社会的要求，都能做某种程度的转变，则是不争的事实。

"山重水复疑无路，柳暗花明又一村"，康拉德的故事也告诉我们，生命有着不可预期的种种可能性。

爱因斯坦曾被认为是个低能儿，

达尔文曾被父亲斥为是个将自取其辱、使家族蒙羞的浪荡子。

——引言

顽石与璞玉

主题　潜能

有一个奥地利小孩，他在学校里非常安静、非常羞怯，大家都以为他是个低能儿。小学的校长甚至告诉孩子的父亲，他认为将来孩子从事什么行业都一样，因为孩子不可能成功地做好一件事。后来因为校方认为孩子"坐在教室里会影响其他学生的课业"，而让他离开了学校。

　　虽然有这些令人黯然神伤的"不良记录"，但孩子后来还是获得了一所科技大学的入学许可。在大学里，他的成绩中等，毕业后，他谋得了一份三等技师的差事。虽然同事都喜欢他，但也不认为他有什么特别的地方。他每晚回到以低薪维持的寒碜、简陋的房间里，沉思写作。他写出来的东西叫作"相对论"，这个人就是后来被公认为二十世纪罕见的科学天才——爱因斯坦。

　　英国有一个富家子弟，从小就由家里提供最好、最完善的教育，但他心不在焉，兴趣不高。有一天，他的父亲愤怒地说："你除了打猎、遛狗和抓老鼠外，没做过一件正经事，将来你会自取其辱，并使整个家族蒙羞。"

家族的财势使这个平庸的青年得以进入爱丁堡大学医学院就读，但他很快就厌倦了，又转到剑桥大学，准备当牧师。在剑桥，他发现了自己对自然史的热爱，但也仅止于业余性质地收集一些昆虫，到乡野漫游而已。

有一天，在一个植物学教授的建议下，他参加了一个可以环游世界，为期五年的科学调查团。这次航行使他眼界大开，心性大变，后来他根据这次航行的观察所得，提出了震古烁今的"进化论"，这个昔日游手好闲的年轻人就是达尔文。

上述这两个例子向我们显示，一个人的潜能往往是无法预见的，有些人看起来像一块顽石，但其实是璞玉，在他还没有大放异彩之前，谁也不知道他是"石"还是"玉"！而对于我们无法预见的事，我们最好不要太早下断言。

什么是真实？每个人都有着不同的定义。

对多产的数学家艾狄胥来说，

抽象思维才是唯一真实的东西。

——引言

智者双手空无所有

主题　真实

艾狄胥是二十世纪最多产的数学家，可能也是有史以来最多产的数学家。一个一流的数学家终生能写五十到一百篇论文已算不错，但艾狄胥发表了一千多篇论文。数学家们都把照顾艾狄胥的生活视为他们集体的责任，甚至是对数学的一种责任，因为艾狄胥是一个没有家、没有收入，也没有支票的"流浪汉"。

这不是说他最近才失去这些东西，而是他一直就没有这些身外之物，他唯一拥有的是他的头脑。

艾狄胥小时候当然有个家，他的父母是匈牙利的中学数学老师，在学校，他是个适应不良的学生，其早年教育主要是来自父母的教导。他十七岁进入布达佩斯的帕兹曼尼·彼得天主教大学，二十一岁获得博士学位，后来到英国深造，此后就居无定所，到处流浪，很少能在一个地方待到一个月以上，他甚至很难得在一个房间里坐太久。他随身携带的是两个皮包，不能放在皮包里的东西都是他不要的。

艾狄胥处理自己生活的方式恰是一个纯粹的数学家从事研究的方式：完全无视现实世界的存在。对他来说，抽象思维才是唯一真实的东西。也许因为他太专注于抽象思维，所以特别多产，每到一地，自然有当地的数学家安排他的生活起居，然后聆听他如泉涌的高论，接下来又有人替他买好机票，订好房间，请他到另一个地方去。而他就如此这般，周游各国。

他的母亲希望他能安定下来，娶个太太，生几个孩子，但这些对艾狄胥来说无疑是天方夜谭。他说："那太复杂了，基本上，我的心理不正常，我无法忍受性的快乐。"绝对的独立是他在生活和数学里所追求的目标。

艾狄胥经常身无分文，更无恒产，但他说："我从不认为这是什么牺牲，古时候有一个希腊人说，智者双手空无所有。"

留在地面想教家鹅高飞的野鹅，

到最后竟失去了飞翔的能力。

——引言

野鹅与家鹅

主题　及时止损

丹麦哲学家克尔凯郭尔曾讲过这样一则寓言故事：

在天上飞的野鹅与在地上跑的家鹅，虽然很不相同，但却有某种说不清的关系。当野鹅的叫声自空中传来时，在地上行走的家鹅立刻就感觉得到。在某种程度上，家鹅似乎能了解那是什么意思，因为它们也在地上跟着跑，拍拍翅膀，发出咯咯的叫声。但在这样跟着跑了一段距离后，它们也就放弃了。

曾经有这样一只野鹅，当秋季迁徙的日子近了，它本欲南飞，但看着那些在地上摇臀摆尾的家鹅，它感觉到对这些家鹅的爱，觉得自己若离它们而去，单独高飞，将是一种罪恶。于是它想将这些家鹅拉过来，希望当风起时，它们也能一起高飞，去看那海阔天空的世界。

为了达到这个目的，野鹅想尽办法去接近家鹅，想教它们飞高一点，再飞高一点。它心中带着希望，愿家鹅能够随着野鹅群飞向青天，脱离那可怜的平凡生活，不必再在地上摇臀摆尾。

一开始，家鹅们都觉得很有趣，它们喜欢这只野鹅，喜欢它的殷勤，它的热心。虽然家鹅也想飞，但是怎么也飞不起来，没多久它们就厌烦了，开始用尖刻的话奚落野鹅，把它当作一个胡思乱想的傻瓜般嘲弄，认为它既无经验又无智慧，却自以为是它们的导师。可叹！这只野鹅是如此无私地将自己献身给家鹅，并不在意它们的奚落、冷淡。但家鹅的力量压服了野鹅——最后，长期待在地面的野鹅，竟因此而忘了飞翔的技巧，自己也变成了家鹅的一分子，跟着在地上摇臀摆尾。

年复一年，当这只变成家鹅的野鹅听到来自空中的叫声时，它抬头仰望，拍拍已经无力的翅膀，眼眸流转，看着越飞越远的鹅群，若有所思也若有所失，摇着日渐肥重的臀部朝相反的方向踽踽独行。

野鹅所做的事是非常美好的，虽然如此，但可能还是一个错误。

法国画家马奈，被奉为印象派主义大师，

但在首次展出他的画时，

却被批评"没有办法小心运笔"。

——引言

"异端"成为英雄

主题　不同不是错误

法国印象派大师马奈，于一八六三年在"落选沙龙"首次展出他的画作《草地上的午餐》时，受到众人的嘲笑与奚落。根据当时法国的绘画传统，绘画应该是理想化地描绘古代或圣经中的故事，或是呈现古典的裸体美。画家痴迷于古埃及的沙砾，而对本国的风光视若无睹，乃是当时的绘画准则。

　　马奈对这种传统感到不满，他在画中画了几个在草地上野餐的人，男人穿着普通的衣服，女人则裸体——但并非传统的那种裸体。简言之，他画的是在当时社会上四处可见的活生生的人。并且，他在画布上并排着涂抹上亮丽的色彩，而不是按照传统的明暗色调法。

　　此画一经公开展示，马奈立刻被批评是一个不平衡的、没有文化素养的叛逆者，有人甚至说他"没有办法小心运笔"，画中的人物笨拙而失真。在群情激愤之下，沙龙经理不得不采取保护措施，以免马奈受到伤害。

不只是马奈的画，连他本人也受到了诋毁。在公共场合，人们注视马奈的眼光，就好像他是一头怪兽、一个疯子或野蛮人似的。

马奈对世人的这些反应毫无心理准备，事实上，除了革命性的艺术，马奈这个人一点也没有叛逆性。相反，他是一个做事很得体的绅士，他稳健、高雅、仪容整洁，在朋友圈中素有佳评。马奈只是希望社会接纳他，能认可他是一个好画家而已。

但是如果社会立刻接纳了他、认定了他，他也就不是一个"先知"了。后来，一群年轻的画家——塞尚、莫里索、雷诺尔、莫奈等人欣赏马奈的画风，奉他为领导人物，而开始以鲜明的色彩及直接从自然取材的风格来作画。一八七四年，一种取代传统的新艺术风格——印象主义，在马奈的推动下正式诞生。

人类的进步，就是异端变成英雄的历史。

先知告诉他，三月三十日是战争结束的日子；

但到了这一天，战争还没有结束的迹象，于是他死亡。

——引言

梦中的先知与死亡

主题　合理的希望

知名的意义治疗学家弗兰克，在第二次世界大战期间，与一些苦难的同胞被关在纳粹集中营里。

　　一九四五年三月初，集中营里的一位同胞满怀希望地告诉弗兰克，在二月二日时，他做了一个梦，在梦中，一个自称是先知的人对他说："你可以问任何问题。"于是他满怀希望地问："战争将在何时结束？"梦中的先知告诉他："一九四五年三月三十日。"

　　这个希望成了这位同胞饱受集中营痛苦煎熬时的唯一支柱。但当这一天越来越接近，人们却始终看不到战争就要结束的任何征兆时，他开始失望了。

　　三月二十九日这天，弗兰克的这位同胞开始发高烧，然后昏迷不醒；三十日，他已经完全失去意识；三十一日，他就死了，死于伤寒。对他来说，三月三十日应该是战争结束的日子，但期待落空，他生存的意志便跟着消失。从医学上来看，他是死于伤寒；但从心理学上来看，他是死于生存意志的崩溃。

弗兰克认为，集中营的生活是一种"没有终结的暂时性存在状态"，人在其中，面对不可预料的未来，像一个没有支持的孤点，很多人把生存的意志或希望都依附在某个象征上。但当这个象征消失时，他的生存意志也就跟着崩溃了。弗兰克的这位同胞，因对现实失望，而使他内在的抵抗力与免疫力降低，于是体内的疾病很快张牙舞爪起来，最后带走了他不再具有生存意志的生命。

生存需要意志，而意志需要有它的指向、它的依归，特别是在痛苦中，人是无法不为什么而活下去的。但在为意志提供燃料时，我们需要的是合理的希望，而非超自然的启示。

讽刺的是，第二次世界大战在弗兰克这位同胞死后几个月就结束了。他固然可以说是死于伤寒，但也可以说是死于自己不现实的希望。

孤独与合群，看似互相矛盾，

但想过创造性的生活，却需要两者兼而有之。

——引言

工作中的艺术家

主题　兼而有之

法国的加缪是二十世纪知名的存在主义哲学家和作家，也是诺贝尔文学奖的得主。他写过一篇短篇小说《乔纳斯或工作中的艺术家》，大意如下。

有一个人，因闲暇而对绘画产生了兴趣，结果没费多大功夫就在这方面有了令人艳羡的成就。他原是一个相当安静的人，对于周遭的人和生活环境只保留着一种和蔼可亲的微笑，这种微笑使他免于关心俗事，而专心绘画。

婚姻为他带来了三个儿女，绘画的成就为他带来了大批的朋友、崇拜者及学生，他的画室变得像菜市场般，有小孩的哭声、艺术与美学的讨论、时局与政治的争辩。他喜欢绘画，也喜欢这些人，但一方面要画这个世界和人们，一方面又要和他们生活在一起，这对他而言似乎是一个两难的选择。

终于，他的声望盛极而衰。但家里还是有一批迟来的崇拜者、发牢骚者、同情者，以及长大的孩子和日渐衰老的妻子进进出出。他经常望着天空发呆，他想重新开始，要创作出伟大而崭新的作品。

最后，他在天花板的高墙间盖了一个阁楼，开始到那上面工作，不受人打扰也不打扰别人。他不停地工作着，不眠不食，几天后他因劳累过度而昏迷在阁楼里。他最忠诚的朋友发现他辛勤工作的画布上竟然空空如也，只有在中心处用很小的字母写了一个字，但不太能确定这个字是Solitude（孤独的），还是Sociable（合群的）。

画家到最后才认识到，要创作出不朽的杰作，"孤独"与"合群"是缺一不可的，不仅对艺术家如此，对所有想过创造性生活的人亦如此。这也是加缪通过这篇小说想要告诉我们的道理。

孤独是一种面对永恒、审视自我的过程，恐惧孤独的人就是在逃避自我。合群则是在人群中发现自己的生命意义，一个不想与他人建立关系的人，将像空转的轮子，无任何意义可言。生命的创造、丰富与意义，就在你如何对孤独与合群做妥善的安排。

不要沉溺在无法回答的问题里，

而忽略了生命的实际与流程。

——引言

生命的毒箭

主题　去执

一位在佛陀座下修行的弟子，有一天问佛陀：

"世尊，我正独自静坐，心里忽然起了个念头：有些问题世尊总不解释，或将之搁置一边，或予以摒弃。这些问题是：宇宙是永恒的还是不永恒的？是有限的还是无限的？身与心是同一物还是各一物？死后是继续存在还是不再存在？……世尊从未对我解释这些问题。这种态度我不喜欢，亦无法领会。如果世尊知道宇宙是永恒的，就请给我解释；如果世尊知道宇宙不是永恒的，也请明白说。如果世尊不知道，也应该直说'我不知道，我不明白'。"

佛陀静静听完后，回答说：

"假如有一个人被毒箭所伤，他的亲友带他去看医生。如果当时那人说：我不愿把这箭拔出来，除非我知道是谁射的我，他是高是矮还是中等身材，肤色是黑是棕还是金黄，来自哪一个城镇；除非我知道我是被什么弓所射的，弓弦是什么样的，箭镞又是什么材料所制⋯⋯则这人必将死亡，而不得闻知这些答案。宇宙是否永恒等问题是我不回答的，为什么我不解答这些问题呢？因为它们没有用处，它们不能令人厌离、去执、入灭，不能让人得到宁静、深观、圆觉、涅槃。"

宇宙与人世确实存在着一些很基本，但又难有答案的问题，而佛陀的意思是：如果一个人沉溺在这些问题里，一味打破砂锅问到底，而忽略了生命的实际与流程，那么这些问题就很容易成为"生命的毒箭"。

也许有人会说："如果认为这些问题无用而不问，那么所得到的圆觉与涅槃，恐怕也含有不实的成分吧？"佛陀并非科学家，探讨那些问题并非他的职责，他所说的"无用"并非指问题本身，而是对个人的修行圆觉"没有帮助"。佛陀不说他不知道的事，不想他参不透的事，这其实是一种更高层次的"去执"。

失去视力五十二年的人，

在重见光明之后，

才发现自己已变成一个"愚人"。

——引言

重见光明的悲剧

主题　得不偿失

一九五八年十二月，一个在出生后十个月即因眼疾而失去视力的五十二岁男子，在英国伯明翰皇家眼科医院接受手术治疗，最后重见光明。在手术后一个月内，他成了伦敦《每日邮报》的热点人物，邮报每天报道他视力恢复的情况。当时，大家都把他的重见光明视为一个奇迹、一大福祉。

　　但在一九六〇年八月，也就是重见光明后一年多，他在极度抑郁的情况下逝世了。

　　造成他抑郁甚至死亡的主要原因是"梦幻的破碎"。一般人想当然地认为"让盲人重见光明，对他来说是一大福祉"，但其实更可能的结果是"悲剧"——特别是对一个失去视力五十二年的盲人而言。因为我们对"现实世界"的知觉模式是由大脑早年的学习经验所决定的，这种知觉模式一经确立就很难改变。而这个恢复了光明的盲人的悲剧，是他已靠触觉及听觉建立了对外在世界的知觉模式，并且在这个模式里生活得很好，乐观自信。但当他启用崭新的视觉来重新认识这个世界时，他就变成了"愚人"。

比如他无法评估高度，站在离地面约十二米的窗台前，他说他可以用手摸到地面。看到公共汽车时，又说公共汽车的高度超出长度很多。在认人方面，他也承认他其实不是用眼睛认出别人的脸，而是用耳朵认出他们的声音。

在手术之前，他本来是个快乐的盲人，以修补皮鞋维生。但在重见光明之后几个月，他便陷入抑郁之中，避开人群，喜欢在晚上关掉电灯，自己一个人坐在黑暗的房间里。他渴望回到过去熟悉的世界中，但"光明之梦"与"黑暗之梦"都破碎了，他发现他得不偿失！

你必须先将体重增加到九十公斤，

到那时才可以开始减肥。

——引言

目标的逆转

主题　看清反方向的结局

一个体重八十公斤的妇人，希望将体重减轻到六十公斤。

过去她曾试过各种减肥方法，但每次体重减轻到六十公斤后，她便经常在餐厅或自家厨房庆祝自己的成功，然后她的体重又开始增加，结果很快又恢复到原先的八十公斤。最后，她找到美国知名的催眠学家埃里克森，想进行催眠减肥。

埃里克森在知道她过去的经历后，将她催眠，告诉她："我可以帮你减肥，但这种方法可能很痛苦，你需要先答应我会照这个方法去做。我给你的方法是：你现在八十公斤的体重还不够，你必须先增加到九十公斤，到那时才可以开始减轻体重。"

妇人听了，几乎是要跪着恳求埃里克森，拜托他不要给自己这种折磨。但埃里克森说这是唯一的方法。

于是妇人开始增加体重，当她的体重逐渐增加后，她越来越在意何时能被允许开始减肥。在体重增加到八十五公斤时，她显得很痛苦，想要放弃她的诺言，心想哪有这种减肥法？但埃里克森鼓励她再增加体重。终于，九十公斤的体重达到了，她"解脱"了，欣喜若狂，因为她现在可以开始减肥了。

最后，当她的体重减轻到六十公斤时，她说："我以后再也不敢增加体重了！"

这位妇人原先的减肥状态是体重减轻了又增加，而埃里克森则把它倒转过来，要她先增加体重后再减轻，结果反而能奏效。

目标的逆转，使我们能看清反方向的结局，置身于真切的痛苦中，然后告别它，对它真正断念。

哥伦布是历史上罕见的伟大的航海家，

但他的固执己见也是举世罕见的。

——引言

哥伦布的可怕信念

主题　坚定不移

以发现美洲新大陆而闻名于世的哥伦布，在四十岁以前一直默默无闻。不得志的他，在一个偶然的机会里，得知一位老学者的见解：从欧洲一直往西走，就可以到达印度。这种见解在当时被认为是相当可疑的，但哥伦布深信不疑，认为这是无可置疑的事。从欧洲往西行，到印度去，俨然已是命中注定要由他去完成的伟业。

　　在获得西班牙王室的支持后，哥伦布便扬帆出发。最后，他发现了陆地，他认为这"无疑就是印度"，于是他把当地人叫作"印第安人"，意思是印度人。他随自己的心意翻译当地居民的话，居民说有个地方叫嘉米，哥伦布说"那就是大汗国"；当地居民带来石块，他便说"这的确是黄金"（他认为印度是黄金遍地之国）。总之，他以令人难以置信的勇气和毅力来证明他所到的地方就是印度。直到临死前，在给西班牙国王的信里，他依然说："神因臣发现印度而欲显现大奇迹。"

哥伦布是史上罕见的伟大的冒险家与航海家，但他的固执己见，甚至是固执偏见，也是举世罕见的。不过也许正因为他有这种坚定不移的信念，才使他成为最先发现美洲新大陆的欧洲人。因为在当时，大家都认为去找那样一个地方是荒谬的、不可能的，即使可能，也是相当危险的事。此英雄伟业注定要由对某一信念有着偏执狂热的人去完成。

世界上有很多伟大的发明家及先驱者，在尚未成功以前，常被同时代的人认为"精神有问题"，患了"妄想症"。所谓"妄想"指的正是拥有与社会上绝大多数人相违的信念，而对发明家及先驱者而言，抗拒此社会压力比什么都来得重要，也正因为如此，在这个领域，往往只有固执己见、坚定不移的人才能成功。

基于他们的宗教信仰，

几百年来，阿米什教徒一直过着刻苦自励的生活。

——引言

坚持古训的阿米什教徒

主题　人生信念

在美国，有一个阿米什教派。阿米什教派中的教徒好几百年来，都在同样的人生信念下过着同样的生活。

阿米什教派是十七世纪兴起于中欧的一个教派，为了免受迫害而逃到美国。在他们的信仰里，人类要尽可能地过单纯的生活，所以他们拒绝色彩鲜艳的衣服，且只用布扣，而不用纽扣，因为纽扣是装饰品。男人均穿黑衣与无褶缝的裤子，不穿汗衫，因为汗衫太合身了。女人衣裙的下摆离地不能超过二十厘米，而且一定要系上围兜，除了上床睡觉时，头上都要戴着无边的女帽。家中的陈设也尽量精简，没有镜子、没有图画，当然也没有电气设备、电话、收音机、电视等，甚至没有音乐——自己唱歌除外。

当美国绝大多数地方都已高度现代化，以汽车代步时，阿米什教徒仍继续搭乘古老的马车，有些农夫会以现代化的牵引机来帮忙农事，但该教规定，牵引机只能做马匹做不到的事，而且牵引机的轮子需是钢轮，禁止使用舒适的橡胶轮胎。

阿米什教徒这种遵守古训，刻苦自励的生活，与以享乐为主的现代美式生活是截然不同的，阿米什教徒的邻居们也多数能容忍，甚至赞美他们这种生活。但随着社会的进步，他们的一些古老规范和现今美国的基本价值观也日生冲突。比如受教育不仅是国民的权利，也是义务，但坚持要过单纯生活的阿米什教徒，在孩子上到八年级（相当于初二）时，就拒绝再接受教育，而这种坚持古训就会让"以社会为念"的人感到困扰与恼怒了。

一九七三年，美国最高法院基于宗教自由的立场规定，阿米什教徒可以依他们的信仰在十二岁以后就不再接受义务教育。

"坚持古训"是被我们所忽略的一种"自由"。

笛卡尔个性上的含糊、生活上的不定

与他思想上的澄澈恰成一鲜明的对比。

——引言

笛卡尔的明晰与混乱

主题　思想与行为

提出"心物二元论"，为今日科学奠定哲学基础的笛卡尔，有句名言："我思故我在。"我们看他的著作，很容易以为他是一个非常理性的人，过着简洁、明晰而有规律的生活，而事实却大相径庭。如果我们用"明晰"两字来形容笛卡尔的思想，那么能用来形容他生活的大概只有"混乱"两个字。

　　笛卡尔出身于法国一个古老的乡村贵族家庭，父亲是高级公务员，母亲是高级司法官的女儿。母亲在他一岁时去世，他小时候就身体虚弱，患有肺炎，需要比常人更多的睡眠，且经常忧郁，同学都叫他"肺病鬼"。但他的学习成绩很好，如果他像康德，以他的出身和学识，应该可以在他毕业的普瓦提埃大学执教，过着单纯而稳定的教授生活。

　　但不知什么原因，他在二十二岁时离开了法国，表面上是要到丹麦，却在德国的法兰克福登陆，然后出现在军队里，在军营里担任一名没有委任状的士兵。他习于居无定所的漂泊生活，住在荷兰的那段日子算是最安定的，但也搬了二十三次"家"！他像一个"流浪哲学家"，在欧陆漂泊，最后应瑞典女王克里斯蒂娜之召，到瑞典宫廷和她讨论哲学与数学问题。在他向女王提及一种可以预测寿命的方法后不久，他自己却因一场感冒而死在异国他乡瑞典。

笛卡尔混乱的生活可能和他个性中的不羁与冒险气质有关。精神病理学家雅斯贝尔斯在提到笛卡尔时，特别说了笛卡尔个性上的含糊费解与思想上的澄澈正好成一鲜明的对比。他的生活和思想似乎可以像他所倡导的"心物二元论"般一分为二，我们很难看出他的思想是他生命的"外射"，还是生命的"补偿"。

不是邯郸学步，

而是暂时放弃自己，扮演别人。

——引言

学做他人样

主题　效仿

英国心理学家哈特利认为，有时候假装成别人也不错，不仅能换换口味，而且还可能因此发现自己潜在的才能。

哈特利的这一领悟来自他个人的经验。

他年轻时，非常缺乏写作方面的才能，最怕的是作文课。有一天，老师又布置了一道作文题目，文思枯竭的他正"望纸兴叹"时，突然想到不久前在电视上看到的一位知名作家，这位作家在遣词措意方面风格独特，很有一套。于是哈特利想象自己就是那位作家，将自己原先的一句话转换成那位作家可能的写法。比如他原来想写"那个男人走进房间"，但这种哈特利式的文句平淡而庸俗，他想自己如果是那位作家的话，就应该将这句话写成"那个高大的男人走进房间"。于是哈特利反复推敲，以己之心，度人之腹，这句话最后变成"那个高高瘦瘦的男人，痛苦而疲惫地走进灯光幽暗的房间"。

老师看了，大为赞赏，说他的写作技巧提高了很多。从那时起，哈特利每遇到写作的事情，就假装成那个作家来替自己写，结果越写越好。

哈特利认为，如果你能继续假装下去，那么它就会变成真实，那个"他"就变成了"你自己"。当他一再假装成那个作家来写作后，那个作家的风格最后就变成他自己的风格。

这种"学做他人样"相当有趣，它是介于"认同"与"模仿"之间的一种心灵运作。当我们认同某一个人时，指的通常是将某人视为我们在"人生大方向"上的精神导师，但潜移默化中，我们在生活的一些小细节上仍会不知不觉地模仿他们。当我们模仿某人时，指的通常是刻意地仿效对方外在可见的一些特征，但少有"放弃自己"，全神投入的情形发生。哈特利的"学做他人样"则是"暂时"放弃自己，扮演别人，而这是一般人较难以做到的。

有人因看起来方便无比的精巧机器发生故障，

在无助与挫折中，竟愤而砸烂了它。

——引言

黑箱的忧郁

主题　简单

有一个人开车外出办事，结果汽车在半途抛锚，他下车修了半天，但汽车就是不动。也许是地处荒郊野外，又加上心急如焚，这个人顿时怒从心上起，恶向胆边生，拿起锤子猛砸汽车。事后警察报告说："他杀死了它，这是一桩汽车谋杀案。"

这并非寓言，而是真实的故事。这个人在面临机器故障时的无助、彷徨、挫折与愤怒，大家应该多少都深有同感，甚至表示同情。因为在我们的周遭，就充满了各种用起来方便，但一发生故障就会让我们束手无策的精巧机器。

心理学家狄克森将现代人面对精巧机器的某种奇妙心态，称为"黑箱的忧郁"。他说在三十年前，每个人只要花一点钱和一些时间，就可以自行组装一部简单的收音机，因为是自己动手做，所以坏了也可以自己修。在这种自己动手的过程中，人们不仅能自得其乐，而且可以了解收音机运作的基本原理。现在因为微电子技术的发展，收音机越来越精巧，但多数人已无法自行装配，虽然收音机运作的基本原理仍然没有改变，但那已成为专家的事，多数人只能被动接受这个"黑箱"。

现代人的生活环境中充满了这种"黑箱"：收音机、电视机、录像机、电脑、空调、洗衣机、电话、汽车……我们置身在"黑箱"中，生活越来越便捷，但对周遭的"黑箱世界"越来越不了解，结果我们变得越来越"被动"，越来越"无助"，这就是"黑箱的忧郁"。

有人说科技制造的问题，唯有依赖"更好的科技"来解决，但这"更好的科技"希望可以是"更单纯的科技"，而非"更复杂的科技"。Simple is good（简单就好），它不仅对社会有益，对人类心灵发展也是极好的。

我们不仅应该向别人的无理要求说"不"，

更应该向自己盲目乱窜的欲望说"不"。

——引言

界定自我的"不"

主题　界定自我

张先生和李小姐认识三个月，两人有过几次单独出游的经历，正在慢慢累积感情。有一天，李小姐打电话给张先生，说她中午要坐车到南方一趟，买好车票才突然想起今天是她姑妈的生日，她告诉张先生她姑妈家的住址，拜托他先代买一盒化妆品送去给她姑妈。后天她从南方回来后，再付给张先生钱，同时请张先生吃饭，好好答谢他。

　　虽然张先生对李小姐印象不错，但是觉得李小姐提出来的是一个很奇怪的要求。在他回复李小姐之前，他知道自己与李小姐的感情正面临考验。思考过后他认为自己在这个时刻，没有理由帮李小姐跑腿，于是他说了"不"。结果这个"不"字就结束了他和李小姐的感情。

　　心理学家说，人类所学得的第一个抽象概念是以"摇头"来表示"不"。刚一岁多的幼儿就会借摇头来拒绝母亲的要求或命令，此象征性动作，是幼儿形成其"自我"概念的起步。"不"固然代表"拒绝"，但也代表"选择"，一个人通过不断的"选择"而形成他的"自我"。因此，当张先生向李小姐说"不"时，他事实上是在做选择，通过这个选择，他界定了自己。也因此，"不"在某个层面只是"不"，而在另一个层面却代表"是"——张先生"是"一个不想为李小姐跑腿的人。

很多人因碍于情面而不敢说"不"，或不好意思说"不"，但为了维护自我，我们似乎应该勇于向会伤害自我的要求或事情说"不"。这些要求或事情并非全是别人提出的，还包括自己不应该要求的。我们不仅应向别人无理的要求说"不"，更应该学习向自己盲目乱窜的欲望说"不"，做到了这点，才是一个能够界定自我的人。

有些人将名字签在靠边的角落，

因为他们无法忍受可能会在空旷的地方迷失的恐惧。

——引言

失去方向的人

主题　倾听内在声音

德国有一家规模很大的精神病院，专门收容在第二次世界大战期间脑部受到伤害的军人。该院院长发现，这些病人的想象力都受到严重的摧残和限制，他们都以固定而死板的方式来摆放东西，比如鞋子总是摆在同样的地方，衬衫也总是挂在固定的位置。他们似乎已无法对自己的生活细节做新的尝试、新的安排。

　　如果要他们在一张白纸上写下自己的名字，则这些脑部受伤的病人都会将名字写在靠边的某个角落上，而不敢写在中间，因为他们无法忍受可能会在空旷的地方迷失的恐惧。他们失去了内在的方向感，陷入完全孤立的危险与恐惧中。

　　很多精神病人也有这种现象。在精神科的病房里，经常能看到某些病人靠着墙壁走路，因为墙壁能给他们一个方向，使他们不至于在外部世界中失去方向感和局限感。对于一个缺乏内在方向感与局限感的人来说，只要外部世界有什么能给予他们方向和局限的东西，他们就会如获至宝般依附于它。

正常人虽不像这些可怜的脑部受伤的精神病人，完全缺乏内在方向感，但在这茫茫人世，也有不少人会依附外在的某些事物，比如算命等，来获得方向感，当他们寻求这种依附时，通常也就是感到人生失据的时刻。

每一个人都会有某些内在方向感，一个人之所以会觉得迷失方向，是因为除了外在的刺激，最主要的是他不敢再去倾听自己"内在的声音"，他对自己失去了信心，让别人的声音压过了、取代了自己的声音。

他是世界著名的物理学家，

也是重度残障者，

他说人应该发挥自己的长处。

——引言

轮椅上的黑洞专家

主题　发挥长处

斯蒂芬·霍金是二十一世纪原创性的伟大物理学家之一，这位剑桥大学的物理学家以其对宇宙中"黑洞"的理论而闻名世界。然而，他却是一个重度的身体残障者，因"肌萎缩侧索硬化"而终日与轮椅为伴。

　　这种残障使他面临很多不便，比如他无法用手拿着书本或翻书，而必须利用一个由游戏杆操作的翻书机，操作时需花很多心力与注意力。当他要看论文时，需先请人将它们一页一页分栏影印，依序排列在他的书桌上，他再推着轮椅在桌前移动，一栏一栏地看。

　　他的发音也因疾病的关系，而使常人难以听懂，所以在从事研究或教书时，都需有能听懂他的话的秘书在旁协助，将他口述的观点直接打入文字处理机，或重述一遍给学生听。他虽行动不便，但因见解独到，而需经常参加国际性的学术会议，每年单单从英国飞往美国就有二十余次之多，他的这些空中旅行都须借助电动轮椅。

霍金认为，身体残障者若想在需要身体活动的领域里和正常人去竞争，不仅不会有太多的欢乐，而且简直是在自讨苦吃。残障者的身体虽有缺陷，但头脑完全正常，他们应该在脑力活动方面发挥所长。"理论物理学"就是霍金发挥所长的领域。

人，总是有一些与生俱来的短处，忘掉那无法改变的短处，发挥有待发展的长处，才能像霍金一样，成为有用而快乐的人。

他比数学家懂得更多的历史，

比历史学家懂得更多的物理，

比物理学家懂得更多的文学。

——引言

伏尔泰的博大

主题　博大

法国大革命的启蒙者伏尔泰，人称"欧洲知识界的神童"，幼年时受过很好的教育，博闻强识，而又好发评论。他的中学老师曾说："他喜欢把欧洲重大的问题放在他的小秤上秤秤。"他几乎什么都懂，而选择"文人"这个职业，他作诗、写小说、评论、戏剧、哲学辞典，演算数学，用望远镜观察星辰，鼓吹刚萌芽的科学，关心宗教而又反对宗教，为穷人建造标准住宅，替失业的人开办纺织厂和制表厂，并设法将产品销售出去。

他周旋于美女与王公贵族之间，将住宅建在法国与瑞士的国界上，以便能快速地逃出来自法国的逮捕行动。从这个地方，他发出无数小册子，试图唤醒糊涂与麻木不仁的人，以嘲弄和讽刺的笑声震碎人间的虚伪和矫情。

他的一生充满了传奇、喧闹与迭起的高潮，读过无数的书，接触过无数的人，做过无数的事，发表过无数的意见，他不仅是法国大革命的启蒙者，亦是近代欧洲思想的启蒙者之一。

虽然严格来说，伏尔泰的思想并不深刻，甚至充满了矛盾。在十八世纪的哲学家中，他的哲学家气息是最少的。但是他对一切都好奇，比数学家懂得更多的历史，比历史学家懂得更多的物理，比物理学家懂得更多的古典文

伏尔泰是一个"博大者"，但这并不意味"博大"逊于"精深"。伏尔泰虽非哲学体系的建构者、科学的发现者或发明者、政治理论的缔造者，他对这些都是浅尝辄止，但能把握其中的精神，明白晓畅地将它们说出来。事实上，有很多人都是经由"博大者"的指引，才能迈入"精深"学问的门槛的。

这位日本古文辞学派的宗师，

少年时代在穷乡僻壤中精读家中有限的书籍。

——引言

荻生徂徕的精深

主题　精深

荻生徂徕是日本江户时代知名的汉学家，他的父亲是一位医生，曾在德川纲吉手下做过事。当德川纲吉升任幕府第五代将军时，荻生徂徕的父亲被认为是不忠的人，而被流放到现在日本千叶县的一处穷乡僻壤。当时徂徕已经十四岁，那里根本没有学校，他没有书、没有老师、没有同学，家里只有一本比较像样的书——《大学谚解》（以日本假名写的，用以解释中国四书之一《大学》）。

　　在贫瘠而又孤独的环境中，徂徕开始精读家中有限的书籍，遇到不懂的地方，除了请教失意的父亲外，没有可以请教的老师，好学的他只好从头到尾背诵所读的书。在背诵如流后，因为没有别的书可读，也无事可做，他只好再读同一本书。在将《大学谚解》顺着默写一遍后，他闲着也是闲着，于是又倒着默写了一遍，真正做到了滚瓜烂熟、倒背如流。

　　他就这样在乡下待了十年。二十五岁时，父亲终于获赦，全家重回江户。这时，徂徕不仅拥有阅读中国古文原籍的条件，而且也因精读书籍，而对文质微妙的变化有着敏锐的感觉与浓厚的兴趣。他的汉学实力很快就超过了当时江户的学者，不久，即成为日本古文辞学派的创始者。

日本近代作家夏目漱石，也有很深的汉学造诣。他小时候不太喜欢与其他小孩玩耍，只静静地看自己喜欢的书。晚年在一篇随笔里，他说："孩提时，我曾到圣堂的图书馆，专心摹写徂徕的《谖园十笔》，现在我希望有生之年能再度回到当时的情景。"

夏目漱石的汉学品味，深受徂徕的影响，他们深厚的根基都建立在反复研读少数几本经典著作上，并因此而成为一代宗师。

虽然"为学当如金字塔，要能博大要能高"，但"博大"与"精深"往往是不可兼得的，要"深"虽不一定要有徂徕的"困"，但"静"是必需的。

对于他人，

我们往往根据自己心中已有的刻板印象，

做了超出事实的解释。

——引言

神父与妓院

主题　偏见

有一则笑话说：一个清教徒和一个天主教徒走在路上，刚好看到一名神父走进一家妓院。那位清教徒耸耸肩膀，脸上露出调侃的笑意，心想这下终于让他抓到了天主教徒伪善的狐狸尾巴。

那名天主教徒看到了这个情景，脸上却不禁流露出庄严肃穆的神情，他骄傲地认为：当他们的一位教友临终时，即使是在妓院里，神父也会义无反顾地进去为其祈祷。

李先生初到美国不久，在某个星期三早上十点路过一个公园，看到一名白人男子悠闲地坐在长椅上晒太阳，他心想："美国虽然是个忙碌的国家，但有钱又闲的人多得是。"走了不久，他又看到一名黑人男子也悠闲地坐在另一张长椅上晒太阳，李先生不禁又想："黑人失业的问题真的那么严重吗？黄种人想在美国生活大概会跟黑人一样艰难吧？"

其实，我们对那位进入妓院的神父和坐在公园长椅上的白人及黑人，都没有足够的证据分析他们是在"做什么"。他们都处于一种含糊不清的情境中，但旁观者会根据自己心中已有的成见或"刻板印象"，而对他们的行为做了"超出事实"的解释。

对我们不认识的人，我们常会根据他们的种族、性别、阶级、职业等来"分类"，而将"团体的属性"加在他们身上。比如我们心中对某一类人都有一个刻板印象，这些刻板印象通常是在尚未实际接触到这类人之前，就已经由听闻而深印于心中。当我们真正接触这类人时，即会不自觉地将心中的那个"图像"套在对方身上，作为解释对方行为的坐标，而产生了自以为是的偏见。

人与人之间的误解以及世间的诸多纷扰，都源于这些自以为是的偏见。对于周遭的人和事，不要过度热心地去解释或设想，可以减少很多错误和麻烦。

虽然是"目遇之而成色",

但没有人能达到佛家所说"色即是空"的境界。

——引言

蓝色的马铃薯

主题　执念

几十年前，瑞士有一个很有名的设计家，他为某品牌的速溶咖啡重新设计包装图案，图案以淡紫色的斜线条为主，整个构图非常完美精致，无懈可击，让他赢得了设计大奖。然而该品牌的速溶咖啡在以新包装上市后，销售量却惨跌。

　　原因是消费者觉得"淡紫色"并非咖啡的颜色，紫色的咖啡让人觉得怪怪的，引不起饮用与购买的欲望。你若不信，只要到超级市场留意一下各种品牌的咖啡，看看它们包装所用的颜色主调是什么就知道了。它们绝不会是绿色、红色、蓝色或紫色的，而是不同层次的棕色，也就是我们一般所说的"咖啡色"。

　　每种东西都有它固有的颜色，有些是天然的、有些是人为的，但看惯了之后，就成为人类对颜色的执念。很少人知道这种执念有多深。

　　有人曾做过一个有趣的实验，利用无害的人工色素将各种食物染成奇怪的颜色，然后拿给一群小孩子吃。当这群孩子吃下染成蓝色的马铃薯后，都觉得怪怪的，继而出现胃肠不适或拉肚子的症状。

其实这些人工色素完全无害，那为什么会让人拉肚子呢？因为"蓝色"并非马铃薯应有的颜色，已经稍微懂事的孩子觉得"蓝色的马铃薯"是"不能吃的"，在勉强咽下后，强烈的心理嫌恶感诱发了生理反应，而产生胃肠不适的症状。

你若不信，可以将猪肉染成绿色，食盐染成黑色，西红柿染成蓝色吃吃看。

佛家说"色即是空"，但事实上，几乎没有人能达到这个境界。因为绝大多数人对色彩都具有执念，特别是对与"维持生命"密切相关的食物颜色。要打破色彩天生的或约定俗成的意义，并不是一件容易的事。

颜色是外在的，对颜色的执念及其影响也较容易观察。而我们内在的思想显然也都各有"颜色"，我们对它们也都各有"执念"，但因为难以观察，我们反而忽略了它们对我们人生的杀伤力。

很多装了"电子化小屋"在家工作的人，

最后还是要离家到外面与人亲密接触。

——引言

返家工作的困境

主题　人与人交往

未来学家阿尔文·托夫勒说，因为信息处理的发达而产生的"电子化小屋"，使得越来越多的人不必到公司上班，可以自由自在地在家照常工作。

　　钟士是纽约电话公司计算机系统销售部的研究主管，他原来每天要开十六千米的车程到公司上班，三年前，他在家里装了一个"电子化小屋"（计算机终端机、传真机等电讯设备），开始在家工作。刚开始时，他颇难改变那养成已久的"上班仪式"，比如他无法穿着睡衣工作，而必须先穿着整齐，到外面喝杯咖啡，然后再返家工作。现在，虽然他已适应在家工作，工作效率比以前高，工作时的心情也较愉快，但还是必须先到外面喝杯咖啡，看看外面的世界，和人们做某种接触，才能开始工作。

　　另一位未来学家约翰·奈斯比特说："电子化小屋的使用将非常有限，人们想到公司去上班，因为人们渴望与其他人接触。"奈斯比特的一位研究助理克拉伯就是一个很好的例子：他买了一台电脑在家工作，但为了与人交际，结果又在周末找了一份兼职工作，当一栋公共建筑物的门房，他说："能够离开家，坐在那里和人谈话真好。"最后，克拉伯又回到奈斯比特的研究机构上班。据他说，利用电脑在家上班的人，四个里面有三个后来又回到了公司上班。

"在家工作"的想法确实让很多人怦然心动，但把"家"当作"工作、休闲与生活的中心"事实上只是个理想，"家"就像"围城"一样，在里面的想出来，在外面的却想进去（回去）。"在家工作"若处理得不好，会变成"在办公室里生活"，但最重要的是，"工作"不只是纯粹的"工作"而已，我们因"在外工作"能获得足够与他人接触的机会。

人与人的交往，是"工作"与"人生"中不可或缺的部分。

黑塞在学生时代,

受命清洗保尔校长的烟斗,

他觉得这是他无上的荣耀与蒙受特别的眷顾。

——引言

老师的烟斗

主题　进步与失去

获得过诺贝尔文学奖的德国大文豪赫尔曼·黑塞，在《拉丁语学校生》这篇短文里，提到他青少年时期受教育的经过。当年他十三岁，为了准备省试而第一次离家，到图宾根一所类似补习班的拉丁文学校"恶补"。

　　该校的保尔校长是个以暴力闻名的斯巴达式教育家。年少的黑塞第一次看到保尔校长时，他觉得这位老人简直是个"老巫师"：弯着背，不修边幅，穿着陈旧污秽的衣服，眼中露出悲戚的神色，拖着磨损的拖鞋，抽着烟，从长烟斗中不时吐出烟雾。而自己竟然被交给这样一个老人。

　　但没多久，这位脾气古怪、性情暴烈的"老巫师"，就以其丰富的学识而成为叛逆的黑塞心中的"半神"。黑塞回忆说："精神指导者与有才华的学生间那种丰富无比，又非常微妙的关系，已在保尔校长和我之间开花结果。"

　　保尔校长的烟斗很快就成为一种"王笏"，一种权力的象征。如果有哪位学生受命清洗这支烟斗，会觉得是蒙受保尔校长特别的眷顾，并被其他同学所羡慕。黑塞不仅清洗过保尔校长的烟斗，也曾因负责他所指派的另一项任务，而甚感光荣——这项任务是每天用一根鸡毛掸子去掸除校长桌上的灰尘。有一天，保尔校长要另一位同学来替代他做此项工作，黑塞因此而吃味，觉得"这对我真是重罚"。

成名之后的黑塞，对在这所学校所学的希腊文已一字不识，拉丁文也大部分都忘了，但他脑海中仍不时浮现出"少年园地中的馨香与保尔校长的烟斗味"。他对保尔校长似乎有着无限的怀念。

在现代这个强调"学生尊严"的社会与教育环境中，若有学生受命"清洗老师的烟斗"或是"每天掸去老师桌上的灰尘"，恐怕不会有人认为这是什么"无上的光荣"。况且，老师若让学生做这些事，会被学生或家长认为是"利用特权""侮辱学生的人格"。

当然，时代和教育理念都有了很大的变化，但我们真的变得更好了吗？在看似"进步"中，我们显然也失去了某些东西。

当原先不希望发生的事变成渴望发生的事时，

我们就跳出了过去的困境。

——引言

口吃者的矛盾

主题　自我解嘲

有一位高中生，一直因为口吃而苦恼，他越想好好说话，就越紧张，话说得越结结巴巴。有一天，班上要演一出话剧，剧中刚好有一个口吃者的角色，大家都认为由这位正牌的口吃者来扮演最适合不过。但奇怪的事情发生了，这个整天说话结结巴巴的人，当他刻意扮口吃的角色时，反而把话说得很流利，不再结结巴巴了。

　　另有一位口吃者，说话也总是结结巴巴的，但只有一次例外。那是他十二岁时，有一次没买票而想搭霸王车，不幸被司机抓到。唯一脱困的方法是设法引起司机的同情，向他表示自己只是个可怜的、患有口吃的孩子。但当这名口吃者想尽可能结结巴巴地说话时，他反而结巴不起来。

　　在日常生活里，我们经常会碰到类似的情况。

　　口吃者要开口说话前、失眠者要上床睡觉时、演讲者要上台演讲时，他们的意识往往过度专注于过去的不愉快经历，而产生事件即将重演的恐惧性期待，想要避免或克服它们的努力，反而引发了更多的焦虑和强迫性意识，结果造成恶性循环。

但如果情况突然改变，跟他们所预期的完全相反：口吃者要尽量结结巴巴，失眠者被要求千万不能入睡，演讲者故意要给听众恶劣的印象……他们的焦虑便消失了，结果反而会有异乎寻常的良好表现。

这叫作"矛盾意向"。它让当事者完全扭转自己的意向，原先不希望发生的事变成渴望发生的事，这种矛盾使他从自身过去所陷的困境中抽离出来，结果，他就超越了自己的困境。

一个口吃者被要求在话剧中扮演口吃的角色，尽量发挥他的弱点，这种要求及安排含有浓厚的"幽默"与"嘲讽"意味。有强迫性、恐惧性、焦虑性特质的人，通常也是缺乏幽默感或不懂得自我解嘲的人，矛盾意向就是要我们学习自我解嘲，以幽默来卸下生命的重担。

公交车上，一个乘客因脚踝被雨伞尖刺到而愤怒，

但当他一转头，他的怒火却消失得无影无踪……

——引言

乘客的认知

主题　改变认知，重新体验

有一个人，在某个下雨天搭乘公交车，车里的乘客很多，大家挤得像沙丁鱼一般。

在不耐烦中，他突然感到某个人的雨伞尖碰到了他的脚踝。他本想转头对那个不知轻重的人还以颜色，叫对方收敛一下。但车里实在太挤了，他根本无法转身。当车子摇晃时，那雨伞尖就刺得更重，他心中的怒火逐渐升高，心想等一下非要好好训斥对方一顿不可。

好不容易到了一个大站，下去了一些乘客，他终于有了转身的余地。他愤怒地以皮鞋顶开那刺人的雨伞尖，然后转身怒视那位不知轻重的乘客。

结果他发现对方竟是一个女盲人，刺到他脚踝的并非是他想象的雨伞尖，而是这个女盲人的拐杖！他心中原来那股难以抑制的怒火一下子消失得无影无踪，而脚踝似乎也不再那么疼痛了。

一个人的情感反应，不管是好的还是坏的，其实并非针对你周遭的某个人或某件事，而是针对你自己心中的想法所做的反应。表面上看来，这位乘客的愤怒似乎是针对刺痛他脚踝的"那个人"和"那件事"，但其实是来自"这个人是多么鲁莽而无礼"的想法。当他发现对方是个盲人时，上述的"想法"改变了，结果怒火就奇迹般地消失了，连痛感都减轻了。

　　在面对一件事时，我们常在心中揣摩、解释、猜测、怀疑，结果这些想法就让我们产生了真实的情绪反应。这些想法虽不见得是"虚构"的，但难免会误导我们的认知。改变想法，就能改变我们的认知，而改变想法的最好方法就是"不再想"，转而去面对现实，去重新体验。

要说服别人接纳我们的意见，

跟说服别人买保险一样，

最忌讳将他当成"傻瓜"。

——引言

海明威与人寿保险

主题　说服他人

在一部电影里，有一位杰出的人寿保险推销员，他一年可以推销一亿美元的人寿保险，而且从未失手过。他的秘诀是不与顾客提"死亡"这类话题。

这位卖保险的高手，有一次向某位富有的顾客推销，他绝口不提对方"有一天会死"这种扫兴的话题，相反地，他如同老友般和这位富人闲话家常。富人喜欢看小说，于是这位推销员兴致勃勃地谈起美国著名小说家海明威的故事。海明威是个血性男人，生活多姿多彩，拥有不少财产。在这个有趣的话题里，顾客发现自己的财产刚好和海明威差不多。

人生自古谁无死，海明威后来当然死了，但可惜的是，海明威忘了为他的家庭投保寿险。这位推销保险的高手开始巧舌如簧，说当初海明威如果善于"理财"，投保寿险的话，现在他的家人将会如何生活幸福。

海明威的故事间接触及了那位富人的切身问题，于是他很乐意地买了保险。在向陌生的顾客推销人寿保险时，最忌讳"说教"，讲不到两句话，就将对方罩在"死亡的阴影"中，这样必然会招致对方不快的抗拒心理。这位高明的人寿保险推销员不当面说破，不直接向对方的意识挑衅，而以暗喻的方式来传达潜在的信息。

这样做相当有效，它不仅能减少对方的抗拒心理，而且还代表着看重对方，完全相信对方能心领神会自己所用的象征含意，而不是一个需要把话说得一清二楚才懂的傻瓜。

说服别人买人寿保险时如此，要说服别人接纳我们的意见何尝不是如此？很多人都在不知不觉间将对方视为"傻瓜"，而"触怒"了对方的潜意识。

在巧妙的对比之下，

我们会很自然地产生"比实际还要好"的错觉。

——引言

不理想的样品屋

主题　对比心态

陈先生是一位售楼员，手边有几栋他人托售的房屋，但卖来卖去，其中有一栋总是卖不出去。

　　后来陈先生从经验中摸索到一个诀窍：当买主上门时，陈先生总是先开车载他从这栋卖不出去的房子看起，然后再载买主去看自己认为可能成交的另几栋房子。这栋卖不出去的房子，竟成了陈先生的"样品屋"。

　　陈先生的朋友说："既然明知卖不出去，你为什么还带买主去看？你这样不是在浪费时间吗？"陈先生说："你不懂顾客的心理，这是我卖房子的诀窍。"

　　如果我们准备三桶水，一桶是冰水、一桶是热水、一桶是温水。你先将左手放在冰水中，右手放在热水中，等一段时间后把手从水中抽出来，同时将两手放进温水桶中，你会产生困惑，因为刚刚浸在冰水中的左手，会让你觉得这桶水是"热水"，而刚刚浸在热水中的右手，则会让你觉得这桶水是"冷水"，这叫作知觉的"对比原理"。

陈先生就是在巧妙地运用"对比原理"，他先带顾客去看一栋"不理想"的房子，地点不适中、户型不理想、装潢不协调、环境卫生差、价格又不公道，让顾客在不知不觉间产生"居不易"的感觉，但陈先生不是想要顾客买这栋房子，只是在为顾客制造"印象"。

在顾客有了某种"印象"后，陈先生再带顾客去看他真正想卖掉的房子。这时，后一栋房子在前栋的"对比"之下，让顾客不由得产生这栋房子比上一栋"好很多"的感觉。顾客的这种感觉就好像刚浸过冰水的手伸进温水中，觉得这桶水"很热"一样，会产生"比实际还要好"的错觉，而增加购买欲望，进而增加成交机会。

这种"对比原理"其实也就是俗谚所说的"比上不足，比下有余"。在生活中，我们要防备他人利用我们的这种知觉弱点。但在自己失意时，偶尔也可利用它来安慰与勉励自己。

在战争、地震、水灾等集体悲剧发生时，

人会患难见真情，表现出平日难见的温馨。

——引言

浩劫后的温馨

主题　人的本质

在英国，有一群素来保守、谨慎的人士，但在第二次世界大战期间突然变得健谈、随和起来。很多伦敦人在战后都有一种奇怪的感觉：他们在战争期间比战前或战后都有"更充实的生活"。他们所回忆的不只是战争的危险、辛劳与破坏，还有大家挤在防空洞里的温暖。

英国社会学家蒂特马斯说，他发现英国人在战争期间，脸上有着"不虚假的笑容"。他的观察是正确的，因为在战争这种集体危机发生期间，大众行为最值得注意而且最可称道的改变是"自发性沟通"的大量增加，原本冷漠的都市人会变得较热络，主动和陌生人交谈，交换战争的消息。

这种情况也见于突如其来的天灾地变中。一位自然灾害专家说，一场浩劫过后，幸存者所做的第一件事是去寻找家人或朋友，确认他们是否安全，然后，有很高比例的人会转而去帮助他人，投入抢救与抢修的工作中。在这种集体危机中，有很多人找到了生命的新角色，得到了证明自己人生价值的机会，体验"四海之内皆兄弟"的博爱。平日无所事事，在厌烦与挫折中度日的青少年，会以令人惊讶的热忱参与抢救及重建的工作。而在灾难中受到轻伤的人，通常也能有体谅之心，催促救援者去帮助受到更大伤害的人。

医学统计数据也显示，在地震、水灾等浩劫之后，精神科病人减少，自杀率下降，窃盗、抢夺与诈欺行为减少，犯罪率也普遍降低。

可见，人与人之间的心并不遥远，你会在某一时刻感受到一直都在的温暖。

一个完美的人，偶尔来一次"马失前蹄"，

会使大家松一口气，反而更加喜欢他。

——引言

肯尼迪的失态效应

主题 适当不完美

肯尼迪是美国历史上相当受欢迎的一位总统。英明睿智的他会在生活中犯些不痛不痒的小错误，有趣的是，民意测验显示，他个人受欢迎的程度反而迅速蹿升。为什么会有这种奇妙的现象呢？

　　在社会心理学里，这叫作"失态效应"。

　　因为肯尼迪总统是一个"接近完美"的人，他年轻、英俊潇洒、聪明机智、体格健壮、能文能武，是一本畅销书的作者，更是一个深谋远虑的政治家。另外，他还有显赫的家世、聪明美丽的妻子、乖巧上进的子女……这些都使人艳羡，事实上也逼得人快喘不过气来。因此，偶尔来一次"马失前蹄"，会让人觉得他更像一个"人"，而更加喜欢他。

　　很多实验显示，虽然我们喜欢能干的人，也需要能干的人，但一个非常能干的人也会让我们觉得有些"不舒服"。因为这样的人不仅让我们认为他遥不可及，也能让我们看出自己的渺小与卑微。事实上在大部分人的心里是不喜欢"太过完美的超人"的，一个虽有多方面能力，但同时也有某些缺点，或偶尔会失误的人，反而较"受人欢迎"。

一个"完美"的人偶尔"失态"，会减少对大家的威胁感，让大家松了一口气，反而能增加他的亲和力。有些人不懂得其中的道理，千方百计想维持完美的形象，结果往往只得到他人冷淡的尊敬，而无法让人真心地喜爱。

埃默森说他宁可折断一条腿，也不愿穿着有破洞的裤子出门；爱因斯坦找不到袜子，干脆就不穿袜子去参加宴会。这种"失态"与"不失态"间的差别，固然反映了埃默森与爱因斯坦两人不同的人格特征，但也说明了人们喜欢或不喜欢他们的程度。当然，"失态"的效果是短暂的，更不可一再为之。

第二个登陆月球的航天员奥尔德林，

在重返地球后得了抑郁症，

因为他失去了奋斗的目标。

——引言

成就后的忧郁

主题　奋斗目标

搭乘"阿波罗11号"宇宙飞船，成了美国第二个踏上月球的航天员巴兹·奥尔德林，是经过最彻底的心理健康评估和严格的训练，从千挑万选中脱颖而出的杰出航天员。在他顺利完成登月之旅，胜利归来后，受到了英雄般的欢迎，然而重返地球的他，情绪却日渐低落。

在《回到地球》的自传里，奥尔德林说成功的滋味让他逐渐失去了自信与自尊，最后，竟变得懒得做任何事，经常呆坐在办公桌前，望着窗外出神。下班回家吃完晚饭后，他就打开电视，喝一瓶威士忌以度过漫漫长夜。后来奥尔德林还出现颈部僵硬及手指麻木等身体症状。

其实，奥尔德林得了所谓"成功后抑郁症"。理论上，一个人在达到他所渴望的目标后，应该感到满足才对，但实际上就像谚语所说的"过程胜于结果"，很多人在达到目标后，反而感到空虚，因为他失去了激励自己向前迈进的动力，或者担心无法维持此项成果，这些都可能导致抑郁。

获得诺贝尔文学奖殊荣的日本作家川端康成，也同样在品尝了成功的滋味后，变得郁郁寡欢，最终以自杀来了其余生。

觉得"生命中的最好时光"已经过完，是成功后抑郁症患者常有的一种想法。其实，这种抑郁并非一无是处，它虽然让人满怀愁绪，但像生理症状一样，其实是一种"警示信号"。它告诉我们生命中的某一个部分出了差错，不能再这样下去了，因此，它也含有让人发现更满足、更完整的人生的契机。

重新寻找另一个奋斗的目标，是治疗成功后抑郁症的药方，这个目标也许比原先达成的目标略微逊色，但它能使我们的人生更丰富、更完整。

当我们看到一个"近似圆"的东西时，

会将它看成"圆"，

因为"圆"是有意义的东西。

——引言

追求意义的知觉

主题　赋予意义

心理学家罗伯特·范茨博士曾做过一个实验：他让刚出生几天的婴儿躺在特殊的实验床上，然后将两个图案投射在天花板上，其中一张是人脸的简图，另一张是"五官大搬家"的扭曲图。

范茨用摄影机追踪婴儿眼睛活动的情况，结果发现这些"经验几乎等于零"的婴儿，相比扭曲五官的图片，双眼注视五官整齐的人脸简图的时间较久，他们对人脸简图较感兴趣，"脸谱"对他们来说似乎是一个具有特殊意义的知觉对象。

我们虽难以确定婴儿是否对脸谱图案的"内涵"或其"对称性"有知觉上的偏好，但人类在知觉上的确有某些与生俱来的天性，比如一个"圆"，理想而完美的"圆"只存在于我们心中，科学家告诉我们，人类不可能画出一个"真正完美的圆"，它总是会有些微的偏差。我们的知觉的一个特性是看到"近似圆"的东西时，会将它看成"圆"，同样地，我们也会将知觉对象不足的部分补全，使它们更"完美"，更像一个我们所熟悉的、有意义的东西。

艺术家很早就知道人类的这种知觉特性，比如名画家克利的一张线画，画面上其实只有一列由上而下的水平线条，加上几条不相连的斜线和曲线而已，但我们会很自然地将它看成是一个人用手托着下巴，似在沉思的图案，这是我们自动补足了线条不全的部分，使它成为一个有意义的东西所致。

人是追求"有意义"的生物，宇宙万象也许没有什么预设的目的或意义，但人类在用感官认识世界、用思想理解人生时，往往不得不给予某些事物某些目的和意义，这正是身为一个"人"有别于动物的地方。

无法从纸上的 A 点走到 B 点的智力障碍者，

为什么能在现实环境里规划出复杂的逃亡路线?

——引言

虚幻的迷宫测验

主题　不妄言

一九四二年，有一位心理学家来到了专为智力障碍者而设的训练学校，这所学校建在美国康涅狄格州美丽的山谷中，是当时收养此类儿童的一个示范性机构。

但外表的美丽掩不住内在的悲怆，它只是一座美丽的监牢，因为智力障碍者大多处于受禁闭的状态，有些学生忍不住孤苦，会逃过重重监视，潜往森林中，想回到家人的身边。但他们的行为均属徒劳，校方经常会派出搜索队，将这些学生抓回来。

起初，这位心理学家对这些逃亡的学生并不在意，因为那不是他应该管的事。但几个月后，他发现一件奇怪的事：当他让学生做布提斯迷宫测验（一种当时用来测验智力障碍者的智力测验）时，他发现很多逃亡过的学生连最简单的迷宫测验都无法通过。心理学家很疑惑："这些孩子连如何从纸上的 A 点走到 B 点都不知道，他们又如何在学校的层层警戒中规划出成功的逃亡路线呢？"

答案只有一个，那就是："他们在现实环境中的实际计划行动无法从纸上的测验反映出来。"而这也正是所有"心理测验"与"智力测验"的盲点，也是最受诟病的地方——这些测验忽略了受测验者的情感与动机问题。而人生的行动，主要是情感与动机的问题。

智力测验虽然号称可以测出一个人的"天赋""潜能"，但实际上仍旧是以测得一个人"已经知道""熟悉"的知识为多。比如儿童在小学入学时若接受智力测验，可以发现上过幼儿园比未上过幼儿园的儿童智商来得高，但这并不表示前者较聪明，可能只表示他们知道得较多或较熟悉这种测验而已。

想象那些因想家而在夜间逃亡的智力障碍者，是何等的情感与动机而使他们忽然变"聪明"了！他们真的如一般人所认为的那样"笨"吗？

因此，我们在准备给一个人贴上"愚笨"的标签时，都应该三思而行。

狐狸吃不到葡萄，就说葡萄是酸的，

这对它的心理健康而言，其实是颇具建设性的。

——引言

狐狸与葡萄

主题　符合需要

《伊索寓言》里有一则大家都熟悉的故事。

　　一只饥饿的狐狸看到葡萄园高高的架子上悬着几串可口的葡萄，它一再跃高想去抓那些葡萄，但一切的努力都白费了，因为它根本抓不到葡萄。最后，它精疲力竭地走出葡萄园，然后用漫不经心的口吻说："我并不是真的很饿，而且，我本以为那些葡萄已经熟了，但现在看出它们是酸的！"

　　这个故事经常被人引用，谓之"酸葡萄心理"。

　　狐狸一向被视为狡猾的动物，多数人会觉得这个寓言里的狐狸"心理不太正常"，或者是拐弯抹角，不光明磊落。但从另一个角度来看，狐狸的这种表现，对它的"心理健康"而言，也有"建设性"的一面。如果狐狸在走出葡萄园后，垂头丧气地说："我饿得要命，却吃不到那美味可口的葡萄，我的腿太短，软弱无力，我真是一只无用的狐狸，真丢人，真倒霉！连葡萄都吃不到，我活着还有什么意义呢？"那么它往后的"人生"，势必会变得相当黯淡。

狐狸对它得不到的东西妄加贬抑，甚至否认自己的需要，为的是维护自己的自尊。从认知心理学的立场来看，这个寓言要告诉我们的是：狐狸通过它的想象力，重新定义情境，使其符合自己的需要、价值观及动机。当狐狸得不到它渴望的东西，而必须延迟满足或忍受某些不愉快的情况时，它就"调整"自己的看法，以减轻挫折感。

人活在世界上，经常会碰到想吃葡萄却吃不到的情境，这时做一只狐狸，对我们的"心理健康"而言，是颇具"建设性"的。

他像一面哈哈镜，

夸大对方的错误行为，让对方对自己的行为产生嫌恶。

——引言

一面夸张的镜子

主题　反省

长得很可爱，声音也很甜的十二岁女孩鲁思，是个令人头痛的小魔女，因为她用力拉扯、撕破护士的衣服，并且咬人家的手臂或大腿。如果没有人让她发泄，她就向病房的墙壁出气，把墙壁上的灰泥刮下来。

　　对鲁思的这种行为，院方可说是束手无策，既不能处罚她，又不能将她赶出去，只希望有人能想出个什么办法来制服她。这时，有一位医生告诉院方他有个妙招，这个妙招不同于寻常的方法，院方在了解他准备怎么做后，决定试试看，并派一位护士协助他。

　　有一天，鲁思又发作了。院方立刻通知这名医生，当医生赶到时，看到鲁思正在刮墙壁上的灰泥，他不但不阻止，反而凑热闹似的跟着撕毁床单、帮她砸烂床铺、打破玻璃。当房里的东西乱七八糟、东倒西歪后，这名医生又兴致勃勃地说："这里没什么可玩的了，走！我们再到另一个房间去！"鲁思这时有点迷惑，问道："医生，你确定这是你该做的事吗？"

医生说："当然，这很好玩，不是吗？"

当他们走出病房，在走廊上遇到一位护士（事先安排好的），这名医生立刻上前撕扯护士的衣服，直到护士身上没剩下什么衣服为止。这时，鲁思看到这种情景，竟然大声叫道："医生，你不能这样做！"她急忙跑进房间里，拿被扯破的床单披到护士身上。

结果，这名医生成功地制服了鲁思。在这个事件里，该医生像一面哈哈镜，"夸大"鲁思错误的行为，让她自己对这种行为产生嫌恶，认真反省。于是，鲁思又变成了一个乖巧的女孩。

有时候，我们就欠缺这样一面"镜子"。

完美的作品

常是一个艺术家在生活细节上追求精确与完美的副产品。

——引言

美是秩序的光彩

主题　秩序

著名戏剧家易卜生素有洁癖，他写作的房间都收拾得井然有序，一尘不染；对自己的收入和支出他都有明确的记载。他更是一个有名的"重写作家"，一再修改、撕毁自己的原稿，直到他认为它们已足够"完美"。他交给出版商的稿子都重新誊写过，完美无瑕。

　　作曲家斯特拉文斯基，一定要在有着适当设备与工具的工作室内才能作曲。他写作的书桌像外科医生的手术台，上面依序放着各种颜色的墨水瓶、各种形状的橡皮，以及铁尺、小刀、画谱工具等。每张乐谱都用不同颜色的墨水——蓝色、绿色、红色与黑色来书写，每种颜色都有其特殊的含意与用途。

　　瓦格纳在作曲时，也有仪式行为。他在晚年，除非周围有柔和的线条、色彩和香味，否则他就无法工作。他对触觉与视觉似乎有着病态的敏感性，当他作曲遭遇困难时，就会不停地抚摸柔软的窗帘或桌巾的褶边，直到灵感出现为止。

他要周遭的一切都显得柔和甜美，他甚至无法忍受工作的房间里有硬邦邦的书籍出现。而且他还要拉上窗帘，不让自己的眼睛眺望窗外花园里的小径。

有不少艺术家具有这种"强迫症"。强迫症患者有追求"精确"与"完美"的倾向，这似乎可以说明某些艺术家作品的精美。有人说："美就是秩序的光彩。"一件令人赞赏的艺术作品很少是草率为之的，它经常需要艺术家一再地修饰，才能达到"无懈可击"的境界。

一般人总认为，艺术家常是不修边幅，生活乱七八糟的，似乎这样他们才能有较多的"创意"，所谓才华"横溢"是也。但从易卜生、斯特拉文斯基及瓦格纳的生活与创作来看，要使作品产生"秩序的光彩"，似乎也要有"秩序的生活"。这些具有强迫症倾向的艺术家，将"外在世界"安排得井然有序，这是一种建设性的"自我防卫"，在这种保护下，他们不再分心，而使"内在世界"的灵感得以顺利地奔涌而出。

一个在人生旅程里遭遇各种大小打击的女接线员，

因对人生没有太多期待，而成为最快乐的人。

——引言

最不幸而最健康的人

主题　态度

有一位医学院教授曾调查纽约市数千名电话接线员的健康情况，其中有一位接线员的生活史令所有人都大皱眉头。

她的父亲是个酗酒的码头工人，母亲生她时仍是一个不懂世事的少女。她在贫穷且父母争吵不断的环境中长大，九个兄弟姐妹中有四个早夭。当她三岁时，父亲离家出走；五岁时，母亲被法院判决不适合抚养她，此后八年，她就在几家孤儿院里转来转去。

十三岁时，她被安排去当女佣，但三年后就离开了，此后七年她换过很多工作，也谈过几段恋爱。二十三岁时，她开始到电话公司做接线员的工作；二十七岁时，她和一位修水管工人结婚了，丈夫是一个病弱的男人，无法正常工作。他们没有生育孩子；她四十四岁时，丈夫在她怀里咽下最后一口气。

她接受调查人员访谈时，已守寡十年，从事接线员的工作长达三十一年。但这位在人生旅程里遭遇各种大小打击的女性，却是所有接线员中最健康、最稳定、最受同事尊敬与喜爱的人！

接线员这种工作，客观而言，是相当枯燥的，但接线员的健康状况，与他们对这份工作及人生持什么样的态度或者"意识"，有很密切的关系。研究者发现，经常生病的接线员，多拥有比较好的家庭背景，具有中学甚至大学的教育程度，但她们觉得自己陷在错误职业的泥沼中，上班及回家均感到不快乐。

上述那位最不幸却最健康的女士，是因为过去的生活使她对人生没有太多的期待，结果反而使她对目前的工作与生活感到非常满意。

韦伯夫妇经常邀请友人夫妇到乡间度假，

然后由韦伯陪同朋友的夫人，

韦伯夫人则陪同那位朋友，他们分开来散步。

——引言

韦伯夫妇的危险性散步

主题　信任

英国《费边社》的领导人物韦伯夫妇，两人均反对从罗曼蒂克观点出发的恋爱和婚姻，他们认为婚姻是专为顺应本能的一种社会制度。韦伯更常说："婚姻是情感的垃圾桶。"然而对婚姻持这种枯燥无味观点的韦伯夫妇，却被哲学家罗素誉为："在我所认识的人中，算是婚姻生活最美满的一对。"

　　韦伯夫妇的出身极不相同，韦伯来自中下阶层，大学毕业后，做了十几年的小公务员，是个好学深思、率直不苟的学者型人物。韦伯夫人则是铁路公司总经理的女儿，年轻时是伦敦上流社会的"交际花"。令他们两人结合在一起的是对知识的共同兴趣。

　　罗素在称赞韦伯夫妇婚姻生活美满时，特别提到所谓的"危险性的散步"。原来韦伯夫妇有很多知识界的朋友，他们经常邀请友人夫妇如罗素夫妇、萧伯纳夫妇等到乡间别墅度假，在星期日下午，由韦伯陪同朋友的夫人，而韦伯夫人则陪那位朋友，分开来在乡间散步、聊天，这就是罗素所说的"危险性散步"。

看着自己所爱的人不断"自我成长"是最令人欣慰的事。当自己在无碍地成长时，对方也跟着成长，这样才能在互相发现、惊奇与赞赏中，让爱情继续增长。而要让对方"自我成长"，首要条件是要有自信及信任对方，相信自己有让对方欣赏、爱慕的永恒本质，并信任对方的爱情、人格及独立判断、抉择的能力，让对方保有充分的自主权及适当的隐私权。

韦伯夫妇与友人夫妇的乡间散步，看上去虽是小事，却是这种观念的体现。

被宣告无救的安娜，

将背上的恶瘤想象成一条毒龙，

而自己的白细胞就是屠龙武士……

——引言

安娜屠龙

主题　意志力

医生说安娜只剩下三个月可活，因为她的颈后长了一个恶性肿瘤，恶瘤迅速增长，安娜被压成驼背，头也被痛苦地挤到一边，右手臂则挛缩而麻痹，她已形同废人，医生劝她最好回去安排后事。

　　但由于某种机缘与好运，安娜遇到了救星——梅宁哲基金会"生理反馈与心理生理研究中心"的主任诺丽丝。诺丽丝劝她不要放弃，除了继续接受正规的抗癌治疗外，她要安娜尝试"心像疗法"：在心中将肿瘤"看"成是攀附在自己背部的一条毒龙，而她体内的白细胞（免疫细胞）则是屠龙的武士，正不停地以利剑攻击毒龙。

　　一年后，诺丽丝再见到安娜时，发现她的肿瘤已奇迹般地萎缩下去，右手臂也可自如活动；下次再看到她时，她颈后的肿瘤已完全缓解了。

　　是瞎猫碰到死老鼠吗？个人坚定的意志力与积极的想象

真的能治疗癌症吗？很多专家认为，在传统抗癌疗法的效果不是很令人满意的情况下，由病人自己来扮演主动而积极角色的心像疗法，不失为一种值得鼓励的辅助性疗法。

耶鲁大学的外科教授西格尔认为，癌症的自发性缓解（消失）是可能的，因为"病人在心理上做了重大的转变，使癌细胞无法再生存于一个'新的身体'里面，一个人在心理上产生排斥癌细胞的念头，会使他的肉体也跟着排斥实质的癌细胞。"西格尔本人从不向病人说"根据统计，你还有多久可活"或"你回家准备后事吧"，结果病人往往能活过原先预期的期限。

瑜伽大师说："肉体的一切，都在心灵之中。"我们不要在得了重病以后，才想起要以坚强的意志力和积极的想象来控制肉体，而是在平时就应该这么做。

潜能并非存在于人体内，

而是存在于人与人或人与环境之间。

——引言

潜能与引力

主题　激发潜能

美国哲学家弗里曼在哈佛大学念书时，同窗均是俊彦杰出的人。大家的智商都很高，数字化的智商似乎是他们"潜能"的具体保证，同学们的心里多少也都怀着天赋异禀的自负。

但这种自负很快就在大一的时候被打消了，因为他们发现：诗人艾略特十七岁时就写下了《普鲁弗洛克及其他》的伟大诗篇，而莫扎特也在十七岁时即完成了不少交响曲的旷世名作。艾略特和莫扎特的智商并不见得比他们高，而他们在十七岁时空有很高的智商，却仍然一事无成。

弗里曼有一位同学自认为有写作的才华，有一天，他向弗里曼坦承自己可能无法成为一个伟大的小说家。因为当他尝试从俄国作家陀思妥耶夫斯基的小说《卡拉马佐夫兄弟》开始写起时，他觉得自己差太多，总是没有办法写好。这位同学在对自己的写作潜能感到怀疑之后，就不再写小说。此后十五年，他的主要工作是替《生活》《时代》等杂志撰写广告文章。

　　这是对"潜能"的一大误解。一般人常将"潜能"视为一种内在的具体之物，好像放在口袋里的资源，只要高兴就可以随时拿出来使用。事实上，潜能并非存在于人体内，而是存在于人与人或人与环境之间，就像"引力"是存在于物与物之间的一种关系般，"潜能"是人与人或人与物之间的一种关系。不是我们在使用潜能，而是有外在的人或物将我们的潜能"呼唤"出来。

　　弗里曼尊敬的大师马丁·布伯经常说："我希望人们多问我一些问题。"因为在别人提出问题时，某种原本不存在的东西就"出现"在"我"与他之间，而在这种人与人的新关系中，才能激发出"智慧潜能"。"动脑"需要"会议"，正是一个活生生的例子。

　　你无法呆坐在斗室里显现潜能，而必须找一个对象、一个人或一件事，和其周旋，然后才能发挥你的潜能。

他因讨厌领班，

而决定取代她的位置，

下定决心训练自己的记忆力。

——引言

记忆力超群的餐厅侍者

主题 动机

科罗拉多大学的心理学教授波森，有一天带着儿子和女儿到巴拿那餐厅去吃晚饭。在点菜时，教授发现一位名叫约翰·康拉德的侍者，并没有用纸和笔记下他们三个人点的餐，只是在一旁倾听，偶尔插几句话，然后就空手告退。不久，教授又看到康拉德双手空空地站在邻桌旁，这时邻桌共坐了八个客人，他还是一样空着手倾听、交谈，然后告退。

　　在这家餐厅，要光靠大脑记住客人点的菜并不是一件容易的事，因为光是牛排餐就有八种不同的名称，五种不同的烹调法，四种不同的色拉配料，三种不同的淀粉类佐食。当康拉德无误地将波森教授父子三人所点的晚餐送到时，波森教授向康拉德表明他的身份，并表示对他惊人的记忆力极感兴趣，问他愿不愿意到科罗拉多大学接受有关的研究和测验，康拉德很爽快地答应了。

　　康拉德在巴拿那餐厅服务已数年，客人对他不用纸和笔而能记住每个人所点的餐食都感到好奇与惊叹，而他所得到的小费也比其他侍者要超出许多。他有着曾一次接受一桌十九个客人点菜，而准确无误地将客人所点的餐食送到每个客人面前的最高纪录。在数年中，他只出过一次纰漏。

波森教授通过对康拉德的研究与测验发现，他并非有什么天生的"异禀"，而是利用各种常见的增强记忆法，再加上强烈的动机，不断训练而成的。原来，当他初到巴拿那餐厅服务时，领班是一个令他非常讨厌的女人，他不想听命于这个女人，想取代她的位置，而唯一的方法是自己要成为最杰出的侍者。他花了一个晚上想这件事，终于下定决心，要训练自己不靠纸和笔而能记住客人所点的菜。一年后，他果然成为领班，而客人多赏给他的小费，也更加强了他增强记忆的动力。

动机，是推动一切事情无形的手。

有人说，

罪犯是没有钢琴的贝多芬，没有画布的毕加索，

他们以街头充当钢琴和画布。

——引言

艺术家与罪犯

主题　环境

国际知名巨星彼德·奥图曾说："如果我不能成为一名优秀的演员，势必会沦为罪犯。"在电影里，他扮演国王、乞丐、圣徒、无赖等角色，每个角色他都演得入木三分，仿佛一个肉身中真的含有数缕不同的灵魂。但在无戏可演时，他就窝身于酒吧，用酒精麻醉自己，也许是担心自己若暴露在现实的社会中，就会真的沦为罪犯。

"优秀的演员"和"罪犯"之间究竟有什么关联呢？

彼德·奥图的那句话，也许是出于艺术家的直觉与洞察。最近，科学界也有人说了类似的话，威斯康星大学的教育心理学家法利说："我相信，高度的创造力和犯罪是出于同源的。"这个"源"指的是"追寻感觉度"。

所谓"追寻感觉"并非指追寻大量的刺激，而是指去经历各种以前没有过的内在、外在感觉。法利认为，一个人"追寻感觉度"的高低是一种天生的气质。有心理测验显示，有高度创造力的艺术家和行为不检的罪犯，有一个共通的地方，那就是他们的"追寻感觉度"都比一般人来得高，也就是所谓的"感觉饥渴者"。

但为什么有些人会成为"创造者"，有些人却沦为"罪犯"呢？社会环境及家庭背景似乎是一个重要的分水岭。法利的研究指出：中上阶层的家庭对高追寻感觉度的孩子较能提供社会可接受的各种刺激，比如让他们去学绘画、音乐、计算机等；而来自下阶层的孩子没有这些机会，只好走上街头去满足他们同样的需求，四处捣蛋、惹事。也可以说，他们是贫民窟里没有钢琴的贝多芬，没有画布的毕加索，而以街头作为他们的钢琴和画布，来满足他们对感觉的饥渴。

"气质"并没有好坏之分，全凭你怎么去表现它。

那人说，

你的名字不要再叫雅各布，要叫伦勃朗，

因为你与人、与神较力，最后都得了胜。

——引言

和神较力的伦勃朗

主题　最后的胜利

伦勃朗是十七世纪欧洲杰出的画家，他出身于富裕家庭且少年成名。但幸福如同镜花水月，在他三十岁出头时，就因丧子、丧妻与债主的逼债，从天堂顶端跌入了地狱深渊。

生活的锤炼提升了他的艺术境界，但"曲高"变成了"和寡"，社会大众无法接受他天才般的创新，画家团体也禁止他举办绘画活动。不过伦勃朗还是不停地画，以悲悯之心在少有人迹的画室里，通过彩笔抒发他的苦闷，对人生做悲壮的告白，一直到六十四岁，画笔才从他的手中掉落。

伦勃朗的好友房龙，在他所写的《伦勃朗的人生苦旅》里，有这样一段描述：在临死前，卧病在床的伦勃朗要求房龙替他念圣经里雅各布与天神摔跤的那一段故事。当房龙念完后，伦勃朗把自己的右手举起来放在眼前注视着，然后用非常轻微的声音念着："只剩下雅各布一人，有一个人来和他摔跤直到黎明……但雅各布并没有投降，他开始反击，因为那是神的意旨，他必须反击。"

然后伦勃朗突然想坐起来，但没有办法，于是他又把沾满油彩的苍老的手指放回胸前，说："那人说，你的名字不要再叫雅各布了，要叫伦勃朗，因为你与人、与神较力，都得了胜——最后都得了胜……单独一人……但最后都得了胜。"

在呢喃了这些最后的告白后，一代画杰与世长辞。

在坎坷的一生中，绘画是伦勃朗终生无悔的工作，甚至是他和人、和神较力所凭借的武器。他死时，家徒四壁，身边只留有一本圣经，但他却留给后世六百幅油画、三百幅铜版画及两千张素描。虽然是一种"悲惨的胜利"，但他知道最后的胜利是属于他的。

J 夫人忽然对自己的过去忘得一干二净，

但当她恢复记忆时，也就恢复了哀伤。

——引言

遗忘自己身世的人

主题　面对

心理学家菲利普·津巴多有一个表姐，我们姑且称她为J夫人。有一天，J夫人忽然丧失了记忆，津巴多想帮她找回失去的记忆，却发现那是一件很不愉快的经历，因为J夫人根本就"不认识"津巴多，她甚至连自己的名字都忘了，不知道自己住在哪里，从事什么职业（她原是大学教授）。除了她儿子外，她不认识任何人，对自己的过去也几乎忘得一干二净。

　　但奇怪的是，她对自己以前所教的英国文学仍记得一清二楚，所以她虽丧失了记忆，仍能继续授课。不过，她对学生的名字、优劣、背景等都忘得一干二净，虽然如此，她仍保有对学生及其他人的"情感记忆"，比如她会对以前的朋友说："很抱歉，我不知道你是谁，但因某种原因我觉得我很喜欢你。"反之，遇到以前不喜欢的人，则会莫明其妙地产生厌恶感或恐惧感。

J 夫人想恢复以前的记忆，大家也都热心地帮助她。在朋友耐心的提醒下，她一点一滴地慢慢恢复了昔日的记忆。比如朋友提醒她，她从年轻时就开始节食，而不像现在这样狼吞虎咽；她不必用手洗碗，因为早已有了洗碗机，经朋友这一提醒，她立刻知道如何使用洗碗机。

但当 J 夫人的记忆恢复越多时，她却越来越不快乐。最后，她终于回忆起在过去一年中，她所遭受的接二连三的打击，而最致命的打击是自己婚姻的破裂，以及母亲在她眼前突然死去。

跌进痛苦深渊的 J 夫人，以"遗忘"来保护自己。但当她恢复了记忆时，也恢复了她的哀伤。

哀伤的记忆虽然痛苦，但逃避这种记忆，也会使我们成为愚人。

我们需要听从一个既没有配偶，

也没有子女的人，

教我们如何爱配偶和子女吗？

——引言

爱、生活与迷思

主题　夸大效果

《爱，生活，学习》是坊间大众文化市场上的一本畅销书，作者利奥·巴斯卡利亚在美国四处演讲，场场爆满，听众听得如醉如痴，只差没有把他当作现代的救世主。

　　"爱"，是利奥所宣扬的东西，他认为只要你爱一个人，并且以具体行动表现出你的爱，就能带来美妙的结果。利奥擅长以充满感性的语气提起他的父母及他的童年生活，让人神往、感动。问题是，这个以个人经历为例证的演讲者，过的是跟一般人不太一样的生活。他一再强调人与人之间需要互相忍耐、许诺，认为婚姻是最能带来成长的结合；他以充满温馨的口吻描绘家庭生活的美妙，但这个"最伟大的爱人"没有结婚，也没有子女，一身轻地到处宣扬大家要爱他们的配偶及子女。

　　人类历史上不时出现"伟大的爱人"，在家殴打妻子，却对"遥远的人"充满了爱。要爱一个与自己过去没有什么联系，或只需短暂相处数分钟、数小时的人，并没有什么困难；要充满爱心地拥抱一个陌生人，即使是冒着被打一巴掌的危险，也很容易。但要去爱、去拥抱一个不留情面地批评、嘲笑你的人格的配偶，却不是那么容易的事。

简言之，利奥并非"当局者"，他只是"旁观者"，告诉别人应该怎么做，并不表示自己遇到同样的情况时就能那样做。

利奥夸大了爱与拥抱的效果。太多的病例告诉我们，爱与拥抱并不能治疗抑郁、神经症、药瘾，也不能使婚姻免于破裂，因为很多婚姻的摩擦并非来自缺少爱，而是没有能力解决两人之间的基本差异。

利奥所造成的旋风，只让人产生"暂时的错觉"，不久大家就会知道，"爱"并不是那么简单的事情。

沉迷于理论的罗素，

残酷地以其子女为实验品，

孩子所得到的则是屈辱和失望。

——引言

残酷的父亲

主题　正确引导

哲学家罗素认为，教育是重建社会的基石，父母对儿女的教育只靠爱是不够的，还要用现代知识去引导。罗素夫妇也一再呼吁天下的父母，希望他们能多充实自己，以照顾自己的孩子。不过罗素对自己子女的教育，至少根据其子女的回忆，显然是失败了。

　　约翰和凯特是罗素的长子和长女，罗素夫妇常带他们到海边的别墅度假。为了训练孩子"对自己负责"，罗素要孩子带着自己需要的东西到海边去，再带回自己要的东西。有一次，在离别墅很远的一处海边，约翰找到一些很美丽的大鹅卵石，他很喜欢，挑了一块比较小的想带回去，但这对当时的他来说还是太重了。

　　罗素夫妇提醒他："约翰，你若要它，就得自己带回去。"约翰希望父亲能助他一臂之力，但罗素坚持说"不行"。结果约翰只得自己一个人带着那块大石头，踏上陡峭的小山坡，往回家的路上走。

最后，约翰实在撑不下去了，只好忍痛将石头丢在半路上，因为他说不动父母帮他的忙，罗素坚持约翰要"对自己负责"。年纪更小的凯特，在看到哥哥因放弃石头而伤心时，只能在一旁替他难过。

凯特长大后，对此事仍留有深刻的印象，她说："爸妈这样做是明智的还是残酷的？或者两者兼而有之？记忆告诉我，他们是残酷的。这个挑战，对当时的约翰来说，实在是太大了。而约翰从这件事得到的是屈辱和失望，而不是自信与机智。"

约翰长大后一直闷闷不乐，罗素对此可能要负部分责任。罗素后来在自传里感慨万千地说："作为一个父亲，我是失败了。""当时，我被理论迷了心窍。"沉迷于行为主义理论的罗素，狠心地将他的子女当作实验用的小白鼠。

他忘了，亲情是开始于理论终止的地方。

很多杰出人士所受的教育，

都是让所谓的教育专家捏一把冷汗的。

——引言

詹姆斯的巡回式教育

主题　教育方式

美国的心理学之父威廉·詹姆斯，照中国人的说法，可以说是"一代大儒"。他在一八九〇年出版的《心理学原理》，虽然是一本讨论心理学的书，但几乎包括了十九世纪末西方各种主要的思潮，心理学界也许很难再出现像他这样学说丰富的大师了。

詹姆斯出身于十九世纪美国的富豪与书香世家，他的父亲想为孩子们提供最完美的教育（威廉的弟弟亨利也是个知名作家），为了这个目的，全家人在当时的文明世界里四处为家，他们从美国迁往欧洲，在欧洲各国绕来绕去，然后再回到美国。

詹姆斯十三岁时，他的"家"从英国迁往法国，然后又到瑞典，再回到法国，接着又到英国，再回到法国。这些居留与迁移主要都在配合当地学校的开学时间，他的父亲满怀期待，将儿子送进他认为最好的学校，但没过多久就感到失望，于是转往另一个国家。詹姆斯本人并不喜欢这种"巡回式教育"，他觉得自己可能因此失去了足够的智性训练。

这种从一个文化游移到另一个文化，从一种语言进入另一种语言的教育方式，可能让不少现代的教育学家捏一把冷汗，但奇怪的是，詹姆士不仅未受其害，且反得其利。他的《心理学原理》一书就充分反映出这种"国际经验"的成果。法国的精神医学、英国的哲学、德国的实验心理学、阿加西兹的旧生物学与达尔文的新生物学等，这几个不同学派的学说都被他融会贯通，冶于一炉。在心理学刚从哲学脱离，而跨入科学的门槛时，我们很难想象，若换成别人，能否有这种功力和视野，写出这样的一本书来。

没有人知道，什么样的教育方式是最好的。很多杰出人士所受的教育，都是让所谓的教育专家捏一把冷汗的。

有一个人，

把他一生的希望都寄托在每天必须搭第一班车去上班这件小事上，

结果他成功了。

——引言

搭第一班车上班的人

主题　善用时间

日本上智大学的渡部升一教授，在他所著的《知识生活的艺术》里提到他的一位朋友A君。A君原是一个普普通通的人，他让渡部升一刮目相看的是他有一个看似奇怪，但其实发人深省的想法：他把他一生的希望都寄托在每天必须搭第一班车去上班这件小事上，他觉得若非如此，那么他将跟一般人一样过着平凡的生活。

　　A君年轻时家无恒产，经济相当拮据，只能住在离上班地方很远的郊区，每天搭电车要花一个半小时的时间才能抵达公司。但也许正因为如此，所以他下定决心，每天清晨不到五点就出门，去搭乘客稀少的第一班车。车子发动后，他就在安静、宽敞而清爽的车内专心阅读各种对他有益的书籍。抵达上班地点后，公司的门还未开，但他已事先告诉过门房，所以门房也都能特意为他开门。

　　在进入空无一人的办公室后，他从保温瓶里倒出红茶，吃一顿简单的早餐。吃完早餐才不到七点，于是他好整以暇地摊开书本和稿纸，开始翻译，赚取翻译费兼进修，一直翻译到公司上班的时间——早上九点。当别人来上班的时候，他已经完成了一大堆工作。

渡部升一非常赞赏 A 君善用时间的方法。因为每天同样要起床、乘车上班，与其晚起而和大家"挤沙丁鱼"，不如早起搭第一班车，既轻松又可利用坐车的时间专心读书，这样日积月累下来，就会有它惊人的成果。原来别无恒产的 A君，后来在东京都内都拥有了很大的私人宅邸。

在日常生活常规上的一个小小改变，往往能带来巨大的收获。当然，最重要的还是要持之以恒。A 君把一生最大的希望寄托在搭第一班车上，这是他靠自己的力量就可以办到的。他办到了，结果就有了与一般人不一样的不平凡的人生。

既然要乘车，那何不换个方式？搭第一班车上班虽然未必是为了致富，但却是实现人生各种目标的一个可行方式。

一个小学三年级的老师，用一个简单而特殊的实验，

让原先存在于同学间的友善气氛全部消失了，而被敌意所取代。

——引言

蓝眼珠与褐眼珠

主题　不贴"标签"

在美国艾奥瓦州，有一个小学三年级的女老师爱丽特，对自己班上的学生做了一个有趣的实验。爱丽特班上的学生都是白人，有一天，本身是蓝眼珠的她严肃地向班上同学说："根据科学研究，褐眼珠的人比蓝眼珠的人聪明优秀。"

　　虽然班上的学生以蓝眼珠居多，但因为他们较"低劣"，所以应该以居少数的褐眼珠同学为"马首"，于是蓝眼珠同学的座位都被调到教室的后面，排队也是排在后面，喝水只能用纸杯；而褐眼珠的同学则享有许多特权。

　　在依眼珠颜色划分优劣等级后几分钟，蓝眼珠学生的学习能力开始变得较差，心情沮丧、闷闷不乐而且易怒；而褐眼珠的学生则变得趾高气扬，不可一世。

　　第二天，爱丽特老师又在课堂上宣布，她昨天说错了，事实上应该是蓝眼珠的人比褐眼珠的人优秀。结果在又一次的等级划分后，昨天趾高气扬的褐眼珠学生一下都掉入绝望的深渊，而蓝眼珠的学生则好像咸鱼翻身般，变得快乐自信，学习能力提高了很多，同时看不起昨天看不起他们的褐眼珠同学。原先存在于同学间的友善气氛全部消失了，而被敌意所取代。

第三天，爱丽特老师又向同学宣布说，其实她前两天说的都错了，事实上没有谁比谁"低劣"，大家都一样。结果全班同学一下子获得了解脱，高兴地围着爱丽特老师，欢呼不已。

人本来就有所不同，"分类"也许在所难免，而不同类的人有不同的特性似乎也言之成理，但绝对无法用一两个简单的"分类"和"标签"来涵盖所有的人。这个实验形象地告诉我们，将人做简单的"分类"，然后为他们贴上简单的"标签"，不仅会影响当事者的自我期许，而且还在制造彼此间的敌意。

他只要对一窝小鸡看一眼，

就能准确地将小母鸡挑出来。

这种特殊的技能是怎么来的呢?

——引言

行家的直觉

主题　熟能生巧

在二十世纪三十年代的大萧条时代，因为经济极度不景气，美国的养鸡者面临着一个威胁其企业的问题：他们必须在小鸡刚孵化不久，就能辨别其雌雄，把将来会生蛋的母鸡留下来或出售以获利；而公鸡绝大多数是没有市场价值的，如果将它们养到成熟，不利于当时的投资报酬率。

要辨别小鸡的雌雄，最简单的方法当然是查看它们的生殖器，但这项工作相当费时，养鸡业者需要的是能快速而准确辨别雌雄的方法。于是他们从日本请来了五位这方面的高手，其中有一位名叫横彦曾幌的行家，能在一小时内辨别一千四百只才孵出一天的小鸡的性别，而且准确率高达百分之九十八。令这些美国养鸡业者不解的是，横彦曾幌根本不需去查看小鸡的生殖器，他只是对一窝小鸡看一眼，就能将小母鸡挑出来。更奇怪的是，横彦曾幌对他自己的这种绝活也说不出个所以然，小鸡外表上看起来都一样，根本雌雄莫辨。不过他说，这种绝活是他在摸过、看过三四百万只小鸡后，自然心领神会而难以言传的方法。妙的是，有志从事这种行业的美国人，在一旁观看横彦曾幌辨别小鸡，三个月后，居然也学会了横彦曾幌的这种不传之法。

横彦曾幌的绝活就是我们一般所说的"直觉"，各行各业的"行家"都有类似的"直觉"，所谓"熟能生巧"，这个"巧"字是无规则可寻的，也是电脑学不来的。

其实我们每个人多少也都是某方面的"行家"，比如走路和开车，在刚开始学时，也许要按照规矩一步一步来，但等到熟练了，就能忘记那些规则或跳出那些规则，而凭直觉走路或开车。"巧"的秘诀无他，就是接受长期磨炼，自己动手做。

通用汽车公司的副总裁，

在四十八岁的时候，突然辞去工作，

转而投入另一种截然不同的生活。

割掉中年的"脐带"

主题　重新评估自己

约翰·德罗伦是一个令人艳羡的中年男子，他在四十八岁时就担任大公司——通用汽车公司的副总裁。

他年薪三十万英镑（约合人民币二百五十万），住在底特律的豪华宅邸，而且是未来总裁的可能人选之一，可以说要什么有什么，应该心满意足才对。但他在前途似锦的时候，突然辞去通用公司的职务，改弦易辙，去领导一个自愿性的社会福利团体，并四处奔走，游说各大公司应该雇用条件欠佳的工人。

虽然一毛钱薪水也没有，但他甘之如饴。

德罗伦为什么要这样做呢？有人说那是因为他面临了"中年危机"。中年是"衡量得失"的一个关键时期，有些人对自己经长期努力所获得的成果与安适感到愉快，他满足于同样的工作与同样的生活方式，认为余生是在既有的方向与基础上继续求发展，行有余力则多从事一些社交性的活动。

但有些人对过去的生活感到空虚与不满，而想有所改变。德罗伦可以说是属于后者。

他在进入中年之后，重新评估自己过去的工作和生活方式，发现他必须采取某些行动来克服自己对现在生活日渐增长的不满，结果往往是和过去所熟悉的一切决裂，而投入一种全新的工作，过着完全不同的生活，前后判若两人。

这种人在各行各业中有日渐增多的趋势，他们不是因失败或失意才"换个工作"，而是功成名就后的空虚，驱使他决然割掉"中年的脐带"，脱胎换骨去做"另一个人"，过另一种人生。

很多人都因为这种转变，而使自己的后半生变得充实而有意义。

一个人因与人同桌变成十三人，

而被请到别桌去，

结果他反而摆脱了不吉利的厄运。

——引言

对十三的恐惧

主题　主观

德国作曲家瓦格纳，一生受到"十三"这个数字的折磨。他的姓名是 Richard Wagner 刚好含有十三个字母，他生于一八一三年，死于一八八三年二月十三日。他十三岁时，母亲和姐妹们前往捷克的布拉格，留下他自己一个人去上学。他二十六岁（十三的倍数）时，欠人家一屁股债，而不得不逃往巴黎避债。

瓦格纳的歌剧作品，完整留下来的只有十三出，他撕毁了他第一出歌剧的大部分文稿，这出剧是在一八三八年的二月十三日首次公演的。而他的另一出歌剧《唐豪瑟》总乐谱是在一八四五年四月十三日完成的，首演即遭到恶评，一八六一年三月十三日，修改过的剧本又在巴黎上演，结果受到更恶劣的批评。

虽然很多人忌讳"十三"这个数字，但纽约及伦敦都有不信邪的"十三俱乐部"，这些俱乐部的会员数、会费、聚会的日期及人数都故意安排为十三或者十三的倍数。"十三俱乐部"的一位会员福尼斯，曾在一本幽默杂志上提到他一位挪威友人的奇遇。

一八七三年三月二十日，他在利物浦搭乘亚特兰蒂斯号轮船前往纽约，在出发的第十三天，船在哈利法克斯附近触礁，将近一千名乘客中，有五百八十名罹难。在离开利物浦的头一天，与他同桌的女乘客们发现他们这桌刚好是十三个人，她们要他坐到别桌去，并问他是否相信"十三代表不吉利"。他说他不相信，但还是照她们的意思坐到了别桌。结果当时的同桌者，相信"十三代表不吉利"的女乘客们都罹难了，而只有他这个不相信的人侥幸获救。

"十三"到底代表什么呢？你若相信它代表"不吉利"，就能听说瓦格纳的故事，你若不相信，就会看到福尼斯所说的故事。

人可以用两种完全不同的方式来描述同一事物，

这两种描述可能都"正确"，但都不"完全"。

——引言

天空的模样

主题　互补

在物理学界，有一个脍炙人口的故事，那就是诺贝尔物理学奖得主费利克斯·布洛赫与沃纳·海森堡在多年前的一场海边对话。

　　有一天，布洛赫和海森堡沿着海滩漫步，布洛赫不停地向海森堡谈论有关天空数学结构的一个新理论，海森堡听着听着，最后抬起头来，说："天空是蓝色的，鸟儿在空中飞翔。"

　　这个故事之所以一再被传诵，因为它为科学家们提供了哲学视野，布洛赫和海森堡的对话很生动地呈现了"互补理论"的精髓：人可以用两种完全不同的方式来描述同一事物，这两种描述互不相干，甚至互相抵触，但两者可能都是正确的。而且在这种"正确"中，我们看出没有一种描述是"完全"的。

　　"互补"这个名词来自颜色中的"补色"现象。我们若将红色光与绿色光相合，即成为白色光，红色和绿色就互为对方的补色。补色同时存在，给人一种相调和的美感，比如我们经常说的"红花绿叶"。但其实红色中是没有一丁点儿的绿色的，反之亦然。而若将两种色光相合在一起，成为自然的白色光，从自然的白色光中，抽离红色光的成分，留下来的就变成绿色光。因此，所谓"补色"或"互补成分"其实是我们在以某种方式了解自然真相时，所必然无法观察到的"残留部分"。

对人的了解也是如此，人有自己的精神面——理想、价值、意识等，也有物质面——细胞、神经、荷尔蒙等，这两个面看起来互不相干，甚至互相抵触，但它们如"红花绿叶"，以及"天空是蓝色的"和"天空的数学结构"一样是互相弥补的，我们唯有同时接受这两者，让它们"分庭而不抗礼"，之后，我们才能对人的本质有较接近"完整"的了解。

每个人都有从其心灵深处撷取灵感，

来写出属于自己的新篇精神圣典的力量。

——引言

心灵手记工作坊

主题　倾听内在心声

有一个人在战争后想到了下面这个问题：如果记录人类智慧的书籍因战争被悉数毁掉了，一本不剩，那么人类要怎么办？

　　这个人最后想通了，他的答案是："我们将从过去人类智慧所产生的同一伟大泉源去撷取灵感，重新写出新的精神圣典。"他接着又想："如果人类具有从其心灵深处撷取额外灵感，写出新篇精神圣典的能力，那为什么我们要等到书籍被毁后才开始写呢？为什么我们不现在就开始创造人类精神的新貌呢？"

　　这个人名叫普罗果夫，是一位人文心理学家，他因上述灵感而创办了"密集式手记工作坊"。它有点类似于精神分析的"自由联想"，只是"自由联想"着重于"说"——说给治疗师听；而"密集式手记工作坊"则着重在"写"——写给自己看。

德国哲学家尼采曾有一句豪语，他说他二十五岁以前读前人的伟大作品，二十五岁以后就开始"读自己"，去倾听自己的内在之声，他的很多伟大作品都是来自这"内在之声"。这种态度对生活在信息泛滥中的现代人显得特别重要。我们要学习倾听自己的内在之声，而不要只听"老师说""孔子说""专家学者说""父母说"……你为什么不自己说说看呢?

普罗果夫所说的"手记"，就是这种"内在之声"。它不是记载你今天去了哪里，做了什么事的"生活日记"，而是"心灵日记"，是你与内在自我的对话录。

人类具有从其心灵深处撷取灵感，写就新篇圣典的力量，每个人都有属于自己的精神圣典，但必须靠自己去撷取，灯前桌下，就是自己的心灵手记工作坊。

霍华德·休斯对细菌一直怀有过度的恐惧感，

对人际关系也有异乎常人的焦虑感。

——引言

亿万富豪的怪癖

主题　互为因果

亿万富翁霍华德·休斯，是个充满传奇色彩的神秘人物，事实上，他也是一个充满心理病痛的可怜人。他最大的问题是对细菌的过度恐惧。

替他工作的人都必须非常细心地将双手洗净，并戴上棉质的白手套，如果会触摸到休斯可能接触的公文，还必须换上另一双清洁的手套。要送给他的报纸必须一次准备三份，由他抽出中间那份可能最少受污染的报纸。为了避免灰尘的污染，他的车子及住处的所有门窗都装上了防护带。

他用他的权势和财富要求下属做出种种奇怪之事，比如不时以报纸挥去想象中的苍蝇；进门时需用脚打开门，而不准用手去摸门把；将窗户的缝隙用胶带黏起来；随时洗手，并将两眼所及的东西都洗干净。

休斯庞大企业里的雇员均一再受到忠告：不准碰他，也不准对他说话，甚至不准看他。对这种怪僻的行为，休斯自我辩解说："每个人身边都有细菌，我要活得比我父母长寿，所以我避开细菌。"

休斯的这种怪癖与童年经历密切相关，他从小就体弱多病，而且非常敏感，他的母亲过度忧虑他的健康，一直担心他会感染上"要命的细菌"。在有了亿万财产后，休斯更变本加厉地以强迫性行为来防止任何可能的细菌感染。

但他的"恐惧细菌"与他的"回避人际关系"也有着互为因果的关系，利用疾病来逃避他人及社会压力，贯穿了休斯的一生，我们也许可以说，与他人接触的"焦虑"加深了他对细菌的"恐惧"，而对细菌的恐惧则"合理化"了他对人际关系的回避。

一个不喜欢人际交往的人，居然能成为拥有庞大企业的亿万富翁，也实在是一件怪事。

多数人之所以感到空虚和了无意义，

因为他们难以指出在日复一日的工作中，

哪些是他"个人的成就"。

——引言

我的名字要签在哪里

主题　成就感

塔克儿在为他的著作《工作》一书收集资料时，曾问一百三十五个人——从电梯操作员到公司总裁——下面这个问题："你喜欢你的工作吗？"结果，绝大多数的人都回答说："我不喜欢。"

　　有一个芝加哥的钢铁工人对这个答案做了如下生动的解释："我喜欢看雄伟的大厦，比如帝国大厦，我希望看到它的两侧墙壁上能各腾出一尺宽的位置，从底层到顶楼，刻上每一个泥水匠、每一个电工、每一个参与建造这座大厦的人的名字。这样，当某人走过这栋大厦时，他可以告诉他的儿子'你看，我的名字刻在第四十五层楼的墙壁上，那里的钢梁是我架上去的'。毕加索可以在他的画上签名，但我的名字要签在哪里呢？每一个人都应该有某种东西让他签名的。"

　　在现代的工业化社会里，很多人像这位钢铁工人般，无法指出在日复一日的工作里，哪些是"他个人的成就"。而这可能是让多数人"不喜欢"他们的工作，感到空虚和了无意义的一大原因。

今天，只有极少数幸运的人做的是只属于他而不属于别人的事，大多数人做的事跟其他成百上千的人一样，如果他今天夜里突然消失不见，那么明天早上立刻有人能拿起他的工具，继续他的工作；公司的产品或服务不会因他一个人的消失而和昨天有什么不同。

这就是现代工商业社会里，大多数人工作与生活的真貌。他们在赚取面包的工作中得不到快乐，并非工作繁重或受到上级的责骂，而是他们无法忍受自己的工作。他们虽然工作了，但是日渐空虚，因为在工作中，他们缺乏个人的成就感。

"每一个人都应该有某种东西让他签名的。"多数人需要的正是能有让自己有"落笔"之处的生命与工作。

凡是去寻找生命意义的人，必将失去它。

——引言

巨石像般的脸庞

主题　生命的意义

有一座山，山上都是巨大的岩石，有关单位请了石匠，将它们雕刻成一个个巨大的伟人的头像。一个住在山下的人，日复一日看着山上那些巨大的头像，但他不知道这些头像对应的是谁，也从没有想过有一天自己要像他们，或者像他们一样被雕刻在巨岩上，他只是在经过这些巨石像脚下时，若无其事地看着而已。有一天，他死了，人们去看他，发现他的容颜竟已如山上那些巨石像的脸庞般庄严而高贵。

　　这是霍桑在他的小说《巨型的石面及白山故事集》里所写的一个令人深思的故事。

　　我们可以将"巨石像的脸庞"视为生命意义的象征，生命意义的获得并非刻意为之，而是自然地水到渠成。有人说："凡去寻找自己生命意义的人，必将失去它。"正是这个意思，它是生命中的吊诡。

　　一个人若太专注于自我，结果反而是失去了自我，一个出发去追寻自我的人，往往也是开始迷失自我的人。唯有忘掉自我，以"全部的我"去对"外在于我"的人或事做出反应时，我们才能有一个"自我"，我们真正的唯一性也才能浮现。

霍桑小说中的那位主人公，他的"自我"没有一个既定的形象或目标，他只是忘情地投入，全心地看着那些石像。他不刻意要成为那些石像代表的人物，但他的脸庞在不知不觉间，已自然地肖似那些石像。

"自我"跟"生命的意义"一样，都不是关起门来，废寝忘食地思考就可以"发明"出来的，而是要靠我们走出家门，到广阔的世界中去"发现"。所谓"意义"乃是对"关系"的诠释，生命的意义存在于个人与他人、个人与社会及个人与宇宙的关系中，因此它必然是"外在于我"的。

所谓"自我"或"生命的意义"，都是来自外在的人或事对自身的"映照"。从这些人物及事物身上，我们才能发现自己生命的意义。

不管尘世如何变迁，

有些人的信念永远不变，

生活规律也永远不变。

——引言

一千年的信念

主题 信念

在离意大利罗马不远的卡萨马尼修道院，一直维持着一种简朴、严格的僧侣生活规律——这种生活规律对僧侣们来说，可以说是个人牺牲的极限，但却已持续一千年而不坠。

卡萨马尼修道院里，住着七十余位西妥教团僧侣，像世界其他地方同教团的僧侣一样，他们相信舍弃这个尘世，服从他们的宗教组织，才能拯救他们的灵魂。因此，不管尘世如何变迁，他们的信念永远不变，他们的生活规律也永远不变。

每一个西妥教团的僧侣都要服从圣本尼迪克特在六世纪所立下的教规。该教规对日常生活的细节都有详细的训诫，僧侣们每天早上三点四十五分即在黑暗中起床，排着队静默地穿过长廊，到哥特式教堂祈祷，开始一天的生活。从早上三点四十五分到晚上八点四十五分，一天十七个小时细分为二十个时段，每个时段有每个时段特殊的活动。其中，八个小时是从事宗教仪式，六个小时则是用来工作，因为圣本尼迪克特认为"懒惰是灵魂的敌人"。

在外人看来，日复一日、年复一年过这种沉闷的生活简直令人难以忍受，但卡萨马尼修道院的僧侣们一千年来过的都是这种生活。他们一天中的大多数时候都保持沉默，终生贫穷而纯洁。

无视外在世界的改变，坚定信念地过着规律而单纯的生活，看起来似乎是呆板而沉闷的，但也许正是因为有这样的"心无旁骛"，反而使他们能保有心灵的自由与丰饶。

想发泄怒火吗?

最好的方法是让自己对攻击意念"分心"。

——引言

分心是"消气丸"

主题　分心

有一位专栏作家在报纸上向一位年轻的母亲建议说：如果她三岁的孩子再发脾气，那么就让他踢家具以发泄心中的怒火好了。

　　没过几天，这位专栏作家收到一封读者来函，信上说："我一直以为你是个笨蛋，现在更加肯定。我弟弟从小在发怒时就踢家具，我母亲说这是让他'发泄怒火'。好了，现在他已经三十二岁了，但仍然一生气就踢家具，不仅恶习丝毫未改，而且还变本加厉，踢妻子、猫、小孩及任何脚边的东西。去年十月，因为他所喜爱的球队输了，他就愤怒地把电视机丢到了窗外！你为什么不告诉那位母亲：小孩必须被教导要控制他们的愤怒？文明人和野蛮人的差别就在这里。"

　　这位专栏作家和这位读者反映了我们在处理攻击性情绪时的两种不同观点。不少科学家像这位专栏作家一样，认为攻击性情绪就像开水壶里的蒸汽，必须有一个出口，否则闷在心里会对身心造成伤害。另一派人士则像那位读者，认为攻击性情绪应该，而且可以经由学习及对情境的操作来加以控制。

有人综合这两种观点，主张将被挑起的攻击情绪转移到工作或游戏上，以得到较"无害"的发泄，但这可能要看工作及游戏的性质而定。实验证明，让一个愤怒的男人用铁锤将铁钉钉入木板里，或让一个生气的女人猛拖地板，"发泄"十分钟，结果他还是跟原来一样愤怒。要缓解攻击性情绪，反而是较轻松、平和的工作比较有效，而其效果主要是来自对攻击意念的"分心"，比如让被挑起攻击欲望的人接受十五分钟的眼睛常规检查，结果他们就会因"分心"而大大降低自己的攻击性。

下次，当你感到愤怒时，去数数看地上有几只蚂蚁，也许是最好的办法。

一个无法在日常生活中照顾自己的自闭症患者，

却能在四十秒内将"魔方"恢复原形。

——引言

天才般的"白痴"

主题　鱼与熊掌不可兼得

米契尔今年十九岁，但从未说过一句明智的话。他的眼睛清澈，眼神犀利，仿佛能穿透万物，不过总发呆似的出神，似乎他正在想的是一件无法也不必向他人表白的重要事情。米契尔喜欢坐在椅子上前后摇晃，一摇就是大半天，嘴里发出叽里咕噜的声音，或者做出各种迅速而神经质的手势。

米契尔是一个活在自己内心世界里的自闭症患者，他无法在正常人的世界里独立生活，一直需要别人的照顾。但有一天奇迹发生了，有人拿了一个弄乱的魔方给米契尔玩，第一次玩魔方的米契尔，居然花了不到四十秒钟就将它恢复原形！

这并非瞎猫碰上了死老鼠，而是常见于自闭症患者的特殊"天赋"。在《雨人》这部电影里，由达斯汀·霍夫曼所饰演的自闭症患者，能背诵半本电话簿，记住梭哈赌桌上的牌型及顺序，虽然有点夸张，但绝非空穴来风。根据专家统计，约有十分之一的自闭症患者，在某些领域里，会表现出如天才般的能力。

有人说，自闭症患者的大脑用来过滤外来刺激的"筛孔"可能很少或很小，他对很多事物均听而不闻、视而不见，对各种刺激无法做整合性的分析与应对，但对极少数他感兴趣的刺激却能做到心无旁骛、全神贯注地加以处理，所以在某些特殊领域里，会有令一般人咋舌的表现。

但这种天赋也有令人为难之处。有特殊才能的自闭症患者，在进入特殊教育机构，由人们加以开导时，他们的特殊才能通常就会消失。事实上，当自闭症患者的"社会生活能力"稍有改善时，也就是他们的特殊才能开始消退的时刻，这两者似乎是不相容的。

鱼与熊掌，不可兼得。在集"天才"与"白痴"于一身的自闭症患者身上，也是如此。

毕加索尝试通过绘画活动，

寻找克服自己内心恐惧的力量。

——引言

在画布上"驱邪"的毕加索

主题 克服恐惧

毕加索在一九〇七年完成的《亚威农少女》，是现代美术史上非常重要的一个里程碑。这幅画完全违反欧洲艺术的传统，画面上的五位裸女，线条粗犷，色彩单纯奔放，脸孔扭曲变形，被后世誉为拉开"立体主义"序幕的代表作。

　　传统的艺评家在评论《亚威农少女》时，常将重点放在其"造型"上，也就是指出它与原始艺术在"造型"上的类似。但这幅画与原始艺术的渊源，绝非只有"造型"而已，毕加索欲捕捉的还有原始艺术中的"潜在力量"，这是在画布上看不见的。

　　毕加索在后来写给作家马劳克斯的信上说："当我去参观人类博物馆时，那些面具不只是雕刻而已……它们是具有魔力的东西……用来对抗未知的、威胁人的精灵……它们是一种武器，保护人类免于邪恶精灵的支配……《亚威农少女》的灵感一定是那天获得的，不只是它的造型，而且可以说是我第一次在画布上'驱邪'！"

　　毕加索一再修改《亚威农少女》，为的是想在画布上创造出"驱邪"的景象。但他要驱什么邪呢？那个时期的毕加索一直担心自己的身体，对女人存有矛盾冲突的态度，因此，他可能把这幅画视为具有"魔力的武器"。画面右侧两个扭曲变形的女性容颜，恰似非洲对抗恶灵的面具造型。在绘画活动中，毕加索可能发现了克服自己恐惧的力量。

　　毕加索比人类学家更早体会到原始艺术不只是被"看"的，而且还是被"用"的。《亚威农少女》所代表的也不只是艺术"造型"的改变，而且还是艺术"功能"的改变。若我们也能有这种认识，那么对毕加索后期的作品，将能有更深一层的了解。

用计算机及机器人来分析健美操选手的动作，

会发现那些动作极其缺乏效率，但无疑是很美的。

——引言

人与机器

主题　美与效率

威斯康星大学的机械工程师西瑞格花了十余年的时间，对人类的每一项动作——从走路到嚼口香糖，其骨骼及肌肉运作的力学问题，都做了相当完整的计算机描述。他说："只要知道人类如何动作，就知道如何去帮助那些无法正确动作的人。"这对骨科、复健及运动员训练方面都有很大的帮助。

　　比如一个股骨受伤的人，我们可以将他的身高、体重、关节受伤的情况等数据输入计算机，"机器模特"就可告诉我们病人最佳的走路姿态应该是什么样子，以及如何使用拐杖等。

　　西瑞格所设计的"机器模特"如真人一般，它可以做极精细的动作，当它活动时，我们可以知道每条肌肉活动的先后顺序及活动度，然后再用这些数据来帮助病人或正常人做动作。

　　这种"机器模特"虽然显示人体与机器的类似性，但人还是不同于机器。西瑞格说："好机器的一个原则是以最少的能量去做最大的功，但它不适用于人。我们无法将每个动作都做得很有效率，这纯粹是为了'美'——人类是以一种我们看起来'美'的姿态来走路的，它是下意识的动作。我们曾把机器模特用在某一健美操选手上，结果发现这位选手的动作非常缺乏效率，但动作无疑是很美的。这表示我们并非计算机化的模特，人类是不完美的机器；我们是有瑕疵，但美丽的人类。"

把人视为机器的人，他将在这个尘世丧失很多美丽的东西。凡事讲究效率的人，也将无法体验很多美丽的东西。

你是一个各种邪恶欲望的洞窟吗？

苏格拉底说："是的，但我成了它的主人。"

——引言

对抗欲望的六种方法

主题　对抗欲望

尼采虽然是个哲学家，但对人类的心理有很多入微的观察。他对本能与欲望的看法，几乎包括了今日各个心理学派的主要观点。

　　关于"本能"，尼采说："无论何处，人的本能都处于无政府状态；人们距暴行只有几步之遥；灵魂的邪恶是普遍的危机。本能扮演暴君，我们必须设计一个更强的反暴君……当命相学家告诉苏格拉底，说他是一个各种邪恶欲望的洞窟时，这个伟大讽喻家的回答让我们眼前一亮：'那是真的，'苏格拉底说，'但是我成了它的主人。'"

　　对于"欲望"，尼采说："我发现要对抗一个强烈的欲望，不外乎下列六种基本方法：第一，他可以避开让欲望满足的机会，经过长时间的无法满足后，欲望减弱，就会慢慢消失。第二，他可以强迫自己以严格的规律性让欲望获得满足，当他定期得到它后，就不再受它的困扰——然后，他也许可以再采用第一种方法。第三，他可以疯狂而无限制地满足欲望，为的是对它产生嫌恶，嫌恶可以使他得到控制欲望的力量。第四，他可以运用智谋，将欲望的满足与某些非常痛苦的想法紧密相连，几次以后，一想到要满足欲望立刻就会觉得痛苦。第五，他可以分散精力，强迫自己去做一件非常困难或很费力的事，或为自己安排新的刺激与快乐，将他的思想与体力都导入另一个管道。第六，他可以容忍它，他将发现，这也是消耗和降低他整个活力的方法，在活力耗竭后，他自然也能达到降低个人欲望的目的。"

尼采这番话，包含了日后精神分析、行为主义、认知心理学的各种疗法，对"本能"与"欲望"，我们能做的就是这些事。

玻璃厂的女工和大公司的女秘书，

在改变工作方式后，都有了较佳的表现。

——引言

请让我负责

主题　负责

美国的柯林玻璃工厂，由女工制造一种电热板。她们本来是每人只完成电热板的一小部分，就传给下一个人，这是一种轻松却相当枯燥的工作，结果电热板的质量和产量都不尽理想。

后来，柯林公司听从专家的建议，调整了工作方式，改由每个人需完成整个的电热板，而且自己检查有无瑕疵。女工还可以自己拟定自己的工作流程进度，自行做质量控制。乍看之下，这是相当违反现代工业"分工与效率"原则的，但在这种方法施行六个月后，产品的不合格率从百分之二十三降到百分之一，缺勤率从百分之八降到百分之一，而且产量几乎翻了一倍。

美国权威的工作心理专家赫茨伯格教授，也曾提出下面这个发人深省的实例：有一家大公司请了几位女秘书专门回复股东的来信。以前女秘书回复这些来信都需依照既定标准格式，在打好字后还需呈送上司覆阅，签字后才能寄出。但后来公司改变了这种作业方式，要秘书们对其回信内容的正确性与质量自行负责，并鼓励她们以自己的方式来回信，信打好后，女秘书自行签名就可投邮。而且每位女秘书专精于公司的一项数据，她可以帮忙其他同事回复棘手的信件。半年之后，这些赋予高度责任的女秘书比起仍依照原来的方式工作的秘书有较好的表现，觉得工作较愉快，也较少缺勤。

玻璃工厂的女工和大公司的女秘书，为什么在改变工作方式后会有较佳的表现？理由很简单，因为她们想自己从头到尾做好一件工作，能对自己的工作负起完全的责任。

只有对工作负责，我们才能有成就感。

皮亚杰十岁时，

就在一本自然研究期刊上发表了他对白雀的观察报告。

——引言

观察入微的皮亚杰

主题　观察力

举世闻名的儿童发展心理学家皮亚杰，很早就显露出他不凡的才能，特别是对周遭事物敏锐入微的观察力。

　　皮亚杰在十岁时，有人送给他一只白雀，他把观察这只白雀的结果写成一篇简短报告，寄给瑞士一本自然研究期刊，这份刊物刊出了他的观察报告。十岁就能出版研究报告的，在科学史上可以说绝无仅有，由此我们也可以知道他的观察力是多么敏锐。

　　少年时代，皮亚杰对软体动物产生了浓厚的兴趣，并成为他家附近一家博物馆软体动物收集专家的学生。这位专家去世后，留下遗言说把收集的所有软体动物都送给皮亚杰，皮亚杰因此得到首次做有系统的科学观察的机会，他把观察软体动物的心得写成一系列论文，这些论文都在他十六岁之前发表。因为这些论文，皮亚杰成为一位颇有名气的软体动物专家，日内瓦的一家博物馆甚至邀请他去当主管，皮亚杰当然是拒绝了，因为当时他连高中都还没毕业。

　　青年时代，皮亚杰倾心于哲学和生物学。他大量阅读相关著作，想寻找生物学知识关系中诸多疑难的答案，当时，他最喜欢的是亚里士多德的逻辑学。亚里士多德在自然中发现逻辑法则，也从知识中发现逻辑法则，他深受其影响，而认为逻辑可以将生物学与知识、人与自然连贯起来。这种一方面具有自然主义者的敏锐观察天赋与好奇心，另一方面又具有哲学理解与洞察的天分，两者间的结合与张力可以说是他日后形成其革命性学说的主要动力。

　　求学时代，皮亚杰曾因一再思索哲学问题，而产生轻度身心崩溃的症状，被送到山间疗养。在山上休养时，他写了一篇小说来表达他内心的渴望。这篇小说事实上就是他一生的计划，生活目标的蓝图：他勾画出某些他希望能寻找到答案的问题，而事后证明，他的确是为某些问题找到了某些答案。

我们自己种菜，

不只是为了省钱或避免农药污染，

我们在对蔬菜的照顾中表达了自我。

——引言

奉献与表达

主题　奉献与表达

有一位教授以一万五千美元买了一栋古老的维多利亚式房子，但他另外又花了五万美元加以修缮。一名房地产经济商告诉这位教授，这栋房子的市价再怎么说也只有一万五千美元而已，远比他修缮的花费要少得多。但"价码"不是教授唯一的考虑，他说："保存这栋房子成了我一生的工作，这样我不仅能从过去汲取生命的源泉，而且也可以留给未来一些东西。"

一个从城市搬到乡下的人说："我们自己种菜，不只是为了省钱或避免农药污染，我们在对蔬菜的照顾中表达了自我。吃不完或不想保存的蔬菜，我们就送给别人或和人交换，我想这是很符合人性的活动，对我们的心灵和肚子都有好处，运气好的话，还能对我们的小区做出贡献。"

一对四十岁出头的夫妇，有一个严重残障的孩子。这对夫妇后来卖掉他们在城市里的房子，放弃在城市里的工作，带着孩子搬到乡间的一个小区，这个小区里住的都是残疾儿童和他们的父母，他们在一起形成一个非正式的互助社会。这对夫妇说，放弃都市生活而搬到这个新小区，除了都市谋生不易、有一个需要额外照顾的孩子这些原因，还有一个原因是夫妇两人都深深觉得有"与他人共享小区生活"的需要。在这里，他们能找到平和、温馨与充实的生活。

过度的物质化与科技化，使人的生活变得既浮浅而又精打细算，人与人、人与物的关系都染上了"工具性"的操控色彩。物质与科技的"价值"抑制了生活中"奉献"与"表达"的价值，但有越来越多的人愿意牺牲物质与科技的价值，这种牺牲虽然通常意味着金钱与地位等可度量的东西的损失，不过他们在另一方面得到了难以计量的心灵收获。

情丝万缕，

为的只是将挚爱的人缚在自己身边，

这种"闭锁式的婚姻"阻碍了个人成长。

——引言

托尔斯泰的婚姻

主题　个人成长

托尔斯泰在《战争与和平》的跋里，曾描写一对他认为理想的夫妇的美满婚姻：女的在婚前是个爱打扮、爱卖俏的女郎，在婚后却洗尽铅华，抛弃一切社交活动，深居简出，一心一意地相夫教子，并学会对丈夫吃醋。男的在婚前原也有很多志同道合的朋友，但在婚后也放弃了这些朋友，而把全部心力放在家庭及维系家庭生活的事业上。

　　事实上，这种令人羡慕的婚姻是"闭锁式的婚姻"。情丝万缕，为的是将挚爱的人缚在自己身边，它严重地妨碍了夫妻两人的人格成长。

　　托尔斯泰本人的婚姻并不太如意。当他三十四岁向索菲亚求婚时，已是一个阅人无数的花花公子，而索菲亚却是年华十八、天真无邪的美丽少女。为了坦白自己的"罪恶"，托尔斯泰把详述过去荒唐事迹的日记交给索菲亚看，索菲亚看了虽不胜骇异，但仍决定嫁给他。

在往后四十八年的婚姻生活中，索菲亚为托尔斯泰生了十三个孩子，单单为他那卷帙浩繁的《战争与和平》手稿，就因托尔斯泰的一再修改，而手抄了七次之多。表面上他们过着托尔斯泰所描绘的理想的婚姻生活，实际上他们却是像被锁链锁在一起，互相折磨。

在婚前，索菲亚是个令人心醉神迷的美丽少女，但年老后却成为一个脾气暴躁的恶妻，经常让托尔斯泰耳边不得安宁。托尔斯泰八十二岁时为了避开妻子的吵闹，在一个严寒的冬夜离家出走，没走多远急性肺炎就发作了。索菲亚虽随后火速赶来，但只看到昏迷不醒的托尔斯泰，她只能在他已然听不见的耳边诉说她对他的爱。

"闭锁式的婚姻"只是一则有关婚姻的美丽童话。

"诗知"来自直觉的右脑，

"科学知"则来自分析的左脑，

两脑并用才能了解宇宙的真相、生命的至理。

——引言

"诗知"与"科学知"

主题　兼顾

爱因斯坦有一次问普林斯顿大学的一位心理学家说："为什么我最好的观点总是在刮脸时产生？"

理由很简单，因为刮脸的时候，惯于分析、推理的左脑"暂时休息"，心灵放松了它内在的控制，我们平日不熟悉的想法反而较易浮现。

这种例子还有很多。比如阿基米德躺在浴缸内，正轻飘飘地浑然忘我时，突然灵机一动，觉得物体在液体中所减轻的重量（浮力），等于它所排出的同体积液体的重量——整个"阿基米德原理"一下子浮现在他的脑海中，使他高兴地从浴缸里跳出来，赤裸地在街上狂奔。

又比如牛顿，神情沮丧地坐在苹果树下，一颗苹果掉下来砸到他的头，"这可恨的苹果为什么不往天上掉呢？"——就是这句诗人般的咒骂，导致了"万有引力定律"的发现。

阿基米德、牛顿和爱因斯坦，为人类带来的都是"科学知"，而他们却以"诗"的方式去获得这种"科学知"的灵感。至少，他们不是在分析、推理、验证之后才得到这些灵感的，而是先有了灵感，也就是"诗知"，然后才去加以验证的。

迪尔赛说："自机械科学昌明以来，诗的功能一直就是在维护自然的伟大生活经验，那种永远无法被任何分析所触及的神秘经验。诗能够保护经验中无法证明的一切，所以它不至于在理论科学的手术解剖刀下死亡。"

在现代社会里，"科学知"受到了过度的强调，"诗知"却未获应有的重视。事实上，很多"科学知"都是以"诗知"为前导的；"科学知"来自左脑，"诗知"则来自右脑，两脑并用，才能了解宇宙的真相、生命的至理。

人类学家米德的母亲，

懂得最先进的育婴原理，

但她按照自己的方式养出一个杰出的女儿。

——引言

母亲的见解

主题　见解

知名的人类学家玛格丽特·米德，她的一些重要著作使世人重新认识到儿童教养方式对人格塑造的重要性。米德在她的自传里，曾略提到她的母亲对她的独特教养方式。

　　米德的母亲是一个受过大学教育的知识女性，对很多问题都有自己独到的见解。在米德出生前，她的母亲准备了一本小记事簿，引录了美国心理学之父威廉·詹姆斯对儿童养育的看法，以及各种百科全书上对有关问题的说明，为即将出世的孩子做最妥善的准备。

　　米德是在医院里出生的，这在当时是一种很新潮的选择，因为绝大多数人仍是在家里生产。也因此，米德有幸成为一家新开张医院所接生的第一个孩子，母女得到全体医护人员最妥善与最热忱的照顾。

　　但这绝不表示米德的母亲全照最新的育婴指南来养育子女。米德在自传里说："大约在我出生的时候，有一本育婴手册出版，作者是一位新式育婴法的提倡者，主张对婴儿定时以奶瓶喂奶。母亲虽然看了这本书，但还是让我吃母乳。她也同意作者的忠告：除非孩子真的生病，否则不要一哭就抱，但母亲认为她的小宝贝都是乖孩子，一定是有不对劲才会哭，所以还是哭了就抱。母亲在了解了最先进的育婴原理之后，她安心地加以修正，以配合自己子女的特殊需要。"

不难看出，二十世纪初的"育婴原理"（米德诞生于一九〇一年）仍是现在某些专家鼓吹的"育婴原理"。有多少可怜的母亲因为违背了这些"育婴原理"而深怀"罪恶感"？但普天之下，没有一个专家能比母亲更了解自己孩子的"个别情况"，大家为什么不学学米德的母亲，至少她按照自己的方式养出了一个杰出的女儿。

尽信书不如无书，在养育子女方面亦是如此。

因为"人类的可能性是无限的"，

这句话反而使大家失去热情，感到空虚。

——引言

无限的可能性

主题　无限性与有限性

人本主义心理学家罗洛·梅在某个周末晚上，参加了在纽约举行的一场小型座谈会，讨论人类的前途问题。与会者都是当时的杰出人才，听众有七八百人，个个殷切渴望，希望听到的是一项有趣的讨论。主持人在致辞时特别强调："人类的可能性是无限的。"

　　人类具有"无限的可能性"，是使人类充满希望的一大原因。但奇怪的是，当座谈会进行时，大家似乎又找不到可供讨论的、明确的问题，大家都感觉到盈溢于会场上的是一种空虚的气氛。

　　本来座谈者所要讨论的极具刺激性的问题，似乎在刹那之间都神秘消失了。当这个毫无成果可言的座谈会结束时，大家心里都产生了一个共同的疑问：到底是哪里出了差错？

　　罗洛·梅认为，是"人类的可能性是无限的"这句话让与会人士失去了热情。如果只看这句话的表面意思，那么的确再没有什么真正的问题可以讨论的了，大家只要站起来表示赞同这句话，然后回家睡觉就可以了。因为不管任何问题，迟早都会被人类的这种"无限可能性"所克服、所解决；一切困难都只是暂时性的，只要时机到来，它们自然会消失。

主持人的一番话原来是要鼓舞大家的，结果反而使大家失去了斗志。

在人类生活中，极限不仅是不可避免的，甚至还是必需的。人类的一切文明，就是从人类与限制他们的环境搏斗、反抗中产生的，换句话说，是人觉得受限制，自察到自己的"有限性"，想有所改善，才有文明的诞生。

人的成长，就是在"无限的可能性"中，选择自己的"有限性"。

将思考重点

从"拣出的石子"转移到"留下的石子"上，

使她扭转乾坤，转危为安。

——引言

一个美丽少女的困境

主题　换个角度思考

某甲因为经商失败而欠了某乙一笔巨额债款,某乙垂涎某甲年轻貌美的女儿,便要求某甲用女儿来抵债,否则将把某甲状告到法官那里去,某甲可能要锒铛入狱,而他的女儿也会因孤苦无助而死。

有一天,三人在花园里一条铺满石子的小径上商量此事,某乙为了掩盖他赤裸裸的要挟,假慈悲地建议让此事听从上天的安排。他背着某甲父女捡起两块石子放到空钱袋里,说其中有一颗是黑石子,一颗是白石子,请某甲的女儿伸手选择其一。如果选中的是黑石子,她就要成为他的妻子,她父亲的欠债当然也就不用还了;如果选中的是白石子,那么看在老天的份上,她可以留在父亲的身边,债务也一笔勾销。

这当然是个诡计,因为某乙放在钱袋里的两颗石子都是黑色的。某甲和其女儿虽然明知有诈,也无法加以拆穿,如果你是某甲的女儿,你要怎么办呢?

提出"水平思考法"的德·波诺为她想出的对策是：她漫不经心地将手探入钱袋中，摸出一颗石子，但很快让它滚落到小径上黑白相间的石子堆里，分不清是黑是白。然后不好意思地对某乙说："对不起，我总是这样笨手笨脚。但没关系，您只要看袋中剩下的那颗是黑是白，就知道我刚才所选的是黑是白了。"

钱袋中剩下的一颗当然是黑的，结果因此"证明"某甲女儿刚刚所选的无疑是"白的"。某甲的女儿凭她的机智而扭转乾坤，转危为安，把最大的危险转变成最有利的机会。

·德·波诺说，这不是什么神秘、不可解释的突发性灵感，而是善用"水平思考法"的一个例证——从另一个不同的角度来思考问题，通常能使我们豁然开朗。

两名高级知识分子许下宏愿，

要把自己的孩子培养成天才，

结果……

——引言

神童与天才

主题　世事无常

有两名高级知识分子，哈佛大学的文学家李奥及精神科医生伯利斯，两个人都有一个刚出生的儿子，他们许下一个宏愿：要把自己的孩子"培养"成一名"天才"。

他们用尽各种能刺激孩子心智发展的方法，皇天不负苦心人，两个孩子都成了神童。李奥的儿子诺勃，在十几岁时就获得了博士学位，而伯利斯的儿子威廉·詹姆斯（威廉·詹姆斯是美国心理学之父，伯利斯为儿子取这个名字用意深远）也在十一岁时就进入哈佛大学，并写了一篇让人震惊的、有关高深数学原创性理论的论文。他的心智早熟，当时的报章杂志都曾做大篇幅的报道。

但两位"神童"日后的发展却大相径庭。诺勃日后继续发挥他的才能，成为杰出的数学家，是"人工智能学"的创建者，现代计算机学科就有部分基于这个理论。但威廉·詹姆斯却没有什么特别的表现，多年间均在一些看不出什么成果的行业里转来转去。

　　二十世纪三十年代，《纽约客》杂志的人物评论专栏《他们现在在哪里？》说，威廉·詹姆斯当时独居，他已完全放弃对知识的追求，而整天无所事事，在收集世界各地电车的图案。他长大后唯一一次出名的机会是向法院提出控诉，指控报纸杂志侵犯他的隐私权，这个昔日的"神童"已不愿社会再注意他。他在一九四四年逝世，享年四十六岁。

　　诺勃和威廉·詹姆斯成为"神童"，与先天的天赋和后天的教育都有关系，但同样是"神童"，为什么在长大后一个能大放异彩，另一个却变得黯淡无光呢？心理学家在"事后"找出了很多原因，但即使我们知道了各种"原因"和"方法"，仍无法准确地预测"神童"是否会变成"天才"。

来自文化与阶级的价值观，像空气一样，
虽难以察觉，却是行为的原动力。

——引言

黑人、白人与印第安人

主题　价值观

一九五五年，一名年轻的黑人从美国北方的大城市到南方的小镇游玩，结果被一群白人活活打死，因为他当街对一个白人妇女吹口哨。

这当然是种族歧视的一个悲惨事例，但这名黑人可能至死都不明白他的行为会严重到被人活活打死的地步。他虽然身为黑人生于美国，多少能感受到被歧视的处境，但他是在北方的大城市长大的，那里的种族界限不那么明显，对漂亮的女性吹口哨算不了什么，北方大城市的价值规范容许他这么做。但南方小镇另有自己的价值规范，在北方"无伤大雅"的行为到了南方则变成了"不知分寸"，这个黑人固然是死于种族歧视，但也可以说是死于那看不见的价值规范。

一个美国印第安人的孩子，在穿过旷野时，可能不会留下任何蛛丝马迹，在他走过之后，旷野依然是原来的旷野，很难确知刚刚是否有人走过这里。但白人孩子就不一样，他不是踢踢石头，就是摘花折叶，留下一大堆痕迹。

印第安人和白人有不同的价值观，印第安人认同自然，认为自己是自然的一部分，他们和自然采取一种和谐、合作的态度。而在白人的价值观里，认为自然是有待征服的客体，在这个世界上留下一个"记号"是他们生活的目标之一。两种不同的价值观，规范了一个印第安人孩子和白人孩子走过旷野时的行为。

来自文化、种族、阶级与家庭的价值观，就像空气一样，虽然我们经常无法觉察到它们的存在，但它们是引导我们行为的原动力之一。

马克·吐温生于哈雷彗星来临时，

死于哈雷彗星重临又离去时，

这是巧合，还是另有他意？

——引言

心之祭

主题　纪念性反应

一九八五年，哈雷彗星重临地球的上空。

哈雷彗星上一次来临是在一九一〇年，它带走了知名的诙谐警世作家马克·吐温。而再上一次哈雷彗星来临时，也就是一八三五年，马克·吐温在这个世界上出生。

古代的星相学家也许会说，马克·吐温是哈雷彗星投胎转世的，他的作品带给世人的正是"哈雷彗星式"的启示作用。但某些心理学家认为，马克·吐温与哈雷彗星同时抵达这个尘世，对他而言是一个重大的心理事件，当哈雷彗星下一次重临又离去时，幽微的心理暗流自垂垂老矣的马克·吐温心中奔涌而出，使他也跟着撒手人寰。

有一个七十九岁的老妇人，过去三十五年来，在每年二月底到三月中旬的时候，就会出现结肠炎、排便不畅、关节炎、抑郁等症状。后来她接受心理治疗，在治疗期间才联想到她唯一的爱子，在他十九岁生日的前两天，也就是三月十二日，死于战场上。三月是令她伤心的月份，所以每年到这个时候，她的身体就会开始不舒服。

心理学家将此称为"纪念性反应"，它约可分为三类，一是当事者会潜意识地选择某一特殊时刻，来"纪念"过去的某个造成心理负荷的事件；二是因为某些潜意识的理由，而定期一再出现不适的症状；三是在自己活到父母过世的年纪，或子女活到自己过去身受创伤的年纪时，就会因情绪不平衡而发病。

马克·吐温生于哈雷彗星来临时，死于哈雷彗星重临又离去时，也许只是一种巧合。而那位老妇人在每年二三月间发病，也许只是气候的关系。但我们还是愿意相信，它们更可能是一种"心之祭"，是个人对生命中重大事件的"纪念性反应"，这样，肉体的病痛与死亡才有超乎现实层面的意义。

梭罗的湖滨生活，

像不同的鼓声让人驻足倾听，

对社会认同的生活目标和理想规范产生不安与怀疑。

——引言

不同的鼓声

主题　偏差行为

歌颂自然的隐逸者梭罗，在《瓦尔登湖》里曾说："如果一个人没有和他的同伴保持同样的步调，那可能是因为他听到了不同的鼓声。"

　　梭罗毕业于声名显赫的哈佛大学，也曾有过高尚的职业，在康科德、马萨诸塞等地教了几年书，但后来他放弃了原有的体面生活，独自一人在瓦尔登湖畔的小木屋中隐居，钓鱼、种豆，到林间散步，躺在草地上看老鹰翱翔，写一些歌颂这种与众不同生活的文章和书籍。

　　梭罗的退隐，跟他想治疗自己的肺病不无关系，但在接近了大自然后他就真的喜欢上了它，而且喜欢上了来自大自然的教诲。他说："我周围的人所认为善的大部分事物，我却认为那是恶。如果我曾经懊恼过什么的话，那极可能是我过去的好行为。"

　　不少人羡慕梭罗这种悠游自在、闲云野鹤般的生活。然而从社会科学家的眼光来看，它却是一种"偏差行为"，因为它打破了社会既有的规范，走上了一条分歧之路。如果社会上大多数人都过着像梭罗这种"脱轨"的生活，那社会就会解体。

但脱轨的人也是维持社会"健康"所必需的。梭罗不只是隐居而已，他还以无比的勇气和信心与过去一刀两断，并和整个社会相抗衡，他那"不同的鼓声"会令人驻足倾听，而对社会普遍认同的生活目标与规范产生些许的不安和怀疑，这种不安和怀疑正是社会进步与改造所必需的。梭罗无法改造社会，却让有心人士因接触到他，而兴起了改造自我或改造社会的想法。

世界各地的研究室彼此竞争，

想抢先发表"预期中的发现"，

但真正的发现是不可能预期的。

——引言

科学的争夺战

主题　不可预期

埃尔文·查戈夫是当今分子生物学的创立者之一，他对核酸及 DNA 有相当杰出的研究，然而 DNA 的双螺旋体结构被两位向他请教的毛头小子抢先发现，使他与诺贝尔医学奖失之交臂。学界认为他时运不济，为他鸣不平，而素来严苛的查戈夫日后也越发严苛，他晚年所写的几本书对科学的目标与进展提出了相当严厉的批判，常以"产生魔鬼的理性之梦"为题在欧洲演讲。

　　他说，科学或是其他领域的重大突破都是偶然的，不是基于明确目的而去从事的，当弗莱明走进他的研究室，看到一个培养皿上有一个圆晕，然后他发现了青霉素，这是以前的人做梦都想不到的。能带来重大结果的发现通常都是属于这一类的。有一个笑话说，以前的波斯国王召集他的士兵，宣布说："我们就要进行一场七年的战争了！"在开始时，他无法说这种话。同样地，我们也无法在开始做研究时就说我们要"在三年内发现什么"。现在有太多的研究都是有计划的发现，以类推的研究，发现一些可预期的事物，但真正的发现是不可预期的。

因为很多人在同样的类推下，产生同样的预期，结果在科学领域里发生了可笑的争夺战。人们在和他人的研究结果做初步的沟通后，就急忙打电话要他的学生立刻进行该实验，为的是想抢先一步发表，或者获得专利。

但真正的科学也是一种艺术，科学家也是艺术家。查戈夫说：他从未听说过雪莱和济慈曾彼此竞争，想抢先一步写出他们对人生某种际遇的感怀。

这些话虽然都是针对抢先发表DNA螺旋体结构的沃森与克里克所发的"牢骚"，但确实也是有几分道理的。

一个人自豪地说他打算独自环游世界时，

有人却因他没有家人或朋友为伴而替他悲哀。

——引言

孤独者之旅

主题　环境造就文化

加利福尼亚州立大学的社会心理学教授李文，为了从事文化研究到过不少国家。

　　有一次，李文一个人背着背包，买了单程机票到印度尼西亚四处乱闯，很多朋友都羡慕他这种自由与冒险行动，希望自己也能这样做。

　　在雅加达，一些印度尼西亚人问他是从哪里来的？是和谁在一起的？李文很自豪地说："我自己一个人，我打算自己环游世界。"他等待着对方的赞叹，想不到得到的却是对方悲哀的眼神与同情的话语："自己一个人？你的意思是说没有家人或朋友和你做伴？那你一定很孤独了？你是因为回不了家乡才浪迹天涯吗？"

　　李文怅然若失。他不想过多地解释他的家乡是一个非常大的城市，但对方的同情让他觉得自己真像个孤独的失意者。最后，每当有人再问起这个问题时，为了避免再度引起无谓的"关怀"，他就撒谎说："我的太太和孩子们也都一道来了，他们正在旅馆休息。"

李文来自一个崇尚个人主义的国家，在工作上追求个人成就与尽可能实现个人潜能，是这种文化所看重的价值观。但很显然，印度尼西亚人并不认为个人主义是种理想的生活方式，他们较关心群体，以及个人在群体中的角色。

每种文化都是在特殊环境中长期酝酿出来的，没有对错之分，只有合适不合适的问题。

当心中流过一件悲伤的往事时，

你所"观"的不是"我的悲伤"，而是"一种悲伤"。

——引言

对痛苦的观察

主题 跳出樊笼

有一个离婚了的妇人，每天郁郁寡欢，心里想的都是自己婚姻生活中的不幸，她对人生失去了兴趣，甚至企图自杀。后来，她成了心理治疗学家狄西拉格的病人。

　　狄西拉格要她安静地坐着，凝视墙壁上时钟的秒针，不要分心，这当然是件很困难的事。因此狄西拉格要她在发觉自己的心思飞离时，记录下注意力中断的时刻，以及当时心中浮现的念头。

　　当时，浮现在这位妇人心中的念头，主要是对自己与丈夫间种种不幸的懊恼。但她很快发现，除了这些懊恼外，还有一些自己原先不太注意的想法，在凝视秒针的过程中，它们突然冒出来了，但很快就被自己的悲伤所遮蔽。

　　狄西拉格说，运用这种方法，主要是想让病人了解，她心中存在的不只是那些不幸的往事。凝视秒针这件事，就像佛家修习中凝神注意自己的呼吸般，目的是要病人成为自己情绪的"观察者"，而非一个"忧郁的思想者"。

佛家的"观"，是让自己的各种想法——流过心中，既不排斥它，也不欢迎它，而是凝神观察它，若即实离。心中流过的若是一件悲伤的往事，你所"观"的不是"我的悲伤"，而应是"一种悲伤"。依此类推，可以深刻观察万物的本性，带来心灵的解脱。

这种"观"，西方的心理学家称为"分离的觉察"，狄西拉格认为，"观"的首要目标是向病人显示他自己的心灵运作过程，他会慢慢发现，在自己的心灵"深处"甚至"外面"，有一个宁静而坚强的"我"，它能观察、指明、看到追悔既往痛苦或沉湎在将来幸福中的"其他的我"。认同这个"我"，才能跳出樊笼，脱离烦恼。

分析心理学家荣格有过很多神秘的经历，

他从中撷取灵感，理出头绪，然后分享给世人。

——引言

荣格的神秘经历

主题　经历

荣格是一个具有神秘主义倾向的心理学家，而他的一生似乎也充满了这种经历。

荣格从小就喜欢幻想，在上小学时，也不知为什么，他用一截木尺刻了一个人像，还为它做了一件外衣。他把这个木刻人像和一块涂有两种颜色的圆形石头放在铅笔盒中，藏在阁楼的横梁上。在学校上课时，他经常在小纸片上写一些密码式的信息，然后每隔一段时间，就潜到阁楼上，将这些"字条"放在摆有木刻人像的铅笔盒中，类似某种神秘的仪式。

荣格在读医学院时，有一位堂妹发生了"恶灵附身"的现象，荣格每个星期都参加为她举办的"招魂会"。原来才智平庸、没受过什么教育、外貌不迷人而又害羞的堂妹，却在"恶灵附身"后，变成了一个聪明、自信、成熟的女人，自称以前是罗马尼罗王时代的人，后来转世为法国的一位伯爵夫人，后以女巫之罪名而被活活烧死，随后又转世为一位牧师的太太，为歌德生下了一名私生子……

荣格的医学博士论文《论所谓神秘现象的心理学与病理学》，讨论的对象主要就是他的这位堂妹。荣格认为这些都是他堂妹的"生动幻想"，也就是说她拥有多重人格，但其中仍有一些未解之谜，比如当堂妹以"另一个人格"出现时，为什么会充满智慧？为什么能提出超乎她人生经历和智慧的深刻见解？

这些经历和荣格日后形成"集体潜意识"的理论不无关系，荣格自己就说："每种心理学都具有主观的色彩，我深知我所说的每句话都有我的主观成分在内，有我个人的生活背景与特殊环境成分。"

一个敏锐的人，必然是从个人经历中撷取灵感，然后理出头绪，再与人分享的人。

时间就是财富，但就像财富一样，

时间的意义主要在于"运用"，

而非"节省"。

——引言

对时间的幻想

主题　时间不是节省而是运用

诗人里尔克在他如诗般的小说《马尔特手记》里，叙述了下面这则有趣的故事。

在马尔特的隔壁，住着一位郁郁不得志的芝麻小官，在某个星期天早上，他忽然福至心灵地想到一个奇怪的问题：虽然眼前生活黯淡，但自己还有一段相当长的日子——比如说他有五十年可活，他深谋远虑地把这五十年岁月换算为月、日、时、分，假如受得了的话，再换算成秒，结果他得到了一个从没见过的庞大数字，自己看得都眼花缭乱。

常言说，"光阴可贵"，这是一笔多么大的财富啊。他兴奋极了，于是他模仿上司的口吻，表情严肃地将这笔庞大的财富当作礼物赠送给自己。

此后，他虽一跃成为"富豪"，但仍不改原来拘谨、节俭的生活。只是现在，他每个星期天都花不少时间来计算"收支"，这样过了三个星期，他惊讶地发现，自己已经支出了相当庞大的数目。于是，他决定节省一点，从此以后，他比以前早起，洗脸也不再那么仔细，站着喝茶，跑着去办公室。他利用每个机会一点一滴地节省时间，但到了下个星期天，计算完"收支"，他发现自己还是一点也没有省下什么。终于，他觉得自己受骗了，他无法创造，也无法保有时间这笔财富。

虽然说"时间就是财富"，但就像一般财富一样，时间的意义主要在于"运用"而非"节省"。一个锯木工人在堆积如山的木材面前，觉得所有时间都必须花在锯木上，不能有丝毫的浪费，他紧张得不敢休息，甚至没有时间去磨他的锯子。他想"节省"下磨锯子的时间，结果可能就要"花"更多的时间和体力才能完成他的工作。

时间不是供人"节省"而存在的，你需要的是现在就开始"运用"它。

史蒂文森的妻子像母亲一样照顾多病的他，

但同时也检查他的作品。

——引言

"检查"丈夫作品的妻子

主题 劝诫

英国名小说家史蒂文森，有一个"家教甚严"的妻子。他的妻子名叫芬妮，史蒂文森在二十六岁遇到她时，她已经三十二岁，而且是"奥斯朋太太"，有一个十三岁的女儿和一个四岁的儿子。但史蒂文森不顾一切地追求她，要将她抢过来。四年后，史蒂文森终于如愿以偿，史蒂文森的父亲对这桩婚姻非常失望，认为自己的儿子娶了个"老祖母"。

　　芬妮像母亲一样照顾多病的史蒂文森（他患有肺结核），但同时也"检查"他的著作。当史蒂文森撰写里面含有旧日情人影子的爱情故事时，芬妮会立刻撕毁他的手稿。随后，他的小说里就很少再出现女人。史蒂文森写信给他的朋友说："我的妻子痛恨、厌恶、怒斥我小说中的女人。"

　　但史蒂文森似乎甘心接受他妻子的"检查"。比如他的名著《化身博士》灵感是来自他的一个梦境，他醒来后就奋笔疾书，在三天之内写了两万七千字。当他得意地将草稿念给芬妮听时，芬妮却不喜欢，她说史蒂文森沉溺于激情主义中，而牺牲了一个很好的道德故事。在一阵激辩后，史蒂文森终于放弃了原先的构想，听从太太的建议，将手稿丢进火炉里，再重新写。我们今天看到的小说，已是大幅修改过的。

如果不是芬妮的"检查"及劝诫，史蒂文森写出的可能是令世人震惊，但难以接受，连图书馆都不能摆放的小说。芬妮"驯服"了史蒂文森的才学，但多少也局限了他如野马般奔腾的想象力。这到底是好是坏，我们可能永远都无法找到答案。

一个科学家发现，

每当他期待与女友重聚时，

胡子就长得特别快。

——引言

科学家、女友与胡子

主题　期待

多年前，有一位匿名的科学家在知名的科学杂志《自然》上发表了一篇他对自己生命现象的有趣观察。

　　有一段时间，为了研究，他必须到远方的一个小岛上独自工作。在每周停留在这个小岛的期间，他发现他的胡子表现出一种特殊的生长周期：从星期一到星期四，胡子长得并不多，但每到星期五，当他要回去和女友共度周末时，胡子就长得很快。

　　这位科学家认为，这是"期待"所造成的效果，"性的期待"会刺激男性荷尔蒙的分泌，而男性荷尔蒙会刺激胡子的生长。

　　"期待"会使我们产生各种生理反应，有些反应是可以自己察觉的，比如当你坐在餐厅里等待牛排大餐时，看到邻桌的食客正在大快朵颐，阵阵香味扑鼻而来，在"期待"中，你会觉得口水的分泌增加，舌头颤动。但有些期待所产生的生理反应，比如前述那位科学家，因期待与女友聚会而促使体内男性荷尔蒙增加，他无法察觉到这种分泌的增加，但细心的他仍可从胡子的生长间接知道他无察觉到的生理反应。

现代人生活在一个充满"暗示"与"期待"的环境中，但这些暗示与期待有些时候不能实现，被"无辜"激起的荷尔蒙得不到"出路"，产生的后果恐怕不是胡子长得比较多而已。

赫尔曼·黑塞和里尔克都在"倾听"自己内心的冲突，
只是"倾听的方式"不太一样而已。

——引言

倾听内心的冲突

主题　正视冲突

诺贝尔文学奖得主赫尔曼·黑塞，曾接受过六十次心理治疗。他说他所接受的心理治疗告诉他，不要压抑或屈服于潜意识中的"混战"及"无法控制的念头"。他写的脍炙人口的小说《德米安》，就是在接受心理治疗后，所做的自我分析。

　　剧作家威廉·英格则认为，心理治疗使他对"人类生活及整个西方文明有了更基本的了解"。

　　这一类艺术家认为，心理治疗可以帮助他们"抓住"油然而生、缥缈不定的内在冲突，"洞识"它们的本质，并"追查"其更深的根源，而有助于他们的创作活动。

　　但另一类艺术家，比如诗人里尔克、小说家卡夫卡和乔伊斯，则极力反对做心理治疗，担心心理治疗会损害他们的创造力。里尔克接受心理治疗后，在写给友人的信里说："倘若我心中的魔鬼离我而去，我怕我心中的天使也将振翼而飞。"这些艺术家担心的是，心理治疗会"化解"他们潜意识中的冲突，而冲突却是他们创造力的来源。因此，当心理治疗欲将他们带离内心的冲突时，他们反而会起来"护卫"它，而中断心理治疗。

事实上，这两类艺术家都在"倾听"自己内在的冲突，只是"倾听的方式"不太一样而已。黑塞通过心理治疗师的帮助，可能对自己的问题产生新的理解，但里尔克则更希望由自己去摸索探寻。

精神分析家认为，创作活动是艺术家的"自我心理治疗"，他们对自己内心的冲突特别敏感，而且能"正视""倾听"这些冲突，这恐怕是我们在面对人生各种冲突时应有的态度吧！

费曼是一个喜欢开玩笑的诺贝尔奖得主，

他的生活就像他对物理学的探讨，

充满了自由精神。

——引言

不随俗的费曼

主题　不随俗

一九六五年的诺贝尔物理学奖得主费曼是举世闻名的物理学家，但也是一个最不随俗，而喜欢开玩笑的人。他的生活就像他对物理学的探讨般，充满了自由精神。

　　在还没有得奖前，费曼每年都会应一些高中"物理研究社"之邀去演讲，他不必准备演讲稿，就像和一些志同道合的朋友闲话家常般，并从中得到很大的满足。在获得诺贝尔奖后，有一个学校邀他去演讲，他像以前一样漫不经心地前往，结果大吃一惊，因为校门口有三百名学生列队鼓掌欢迎他，演讲地点也改在了挤满了人的大礼堂里。费曼感到很"失望"，因为他知道不可能有这么多人会对他所要讲的题目有认识或感兴趣，他们不是对物理有兴趣，而是对他这个诺贝尔物理学奖得主有兴趣，费曼"与朋友讨论知识"的乐趣全失。

　　所以后来某个学校的"物理研究社"又来请他去演讲时，他向主办的同学说："演讲可以，但你们必须拟一个沉闷的题目，以及一个看起来昏庸的教授名字，只让真正对物理学有兴趣的学生来听讲。"主办的同学也天真地照办，费曼依约前往，向听众道歉说："那位教授"因临时有事不能前来，而请他来"代讲"，结果当然是宾主尽欢。辅导学生社团的校方人员，在事后得知鼎鼎大名的费曼神不知鬼不觉地来校演讲后，暴跳如雷，痛骂主办的学生说："如果让我们事先知道费曼要来，一定有更多的人会去听演讲的！"

最后，费曼只好自己写信给校方的辅导人员说："这是我的意思，与学生无关，我觉得很抱歉，敬请原谅。"

也许就是这样的不随俗，才使费曼能产生不同凡响的独到见解吧！

天体营虽然拒绝社会对穿着的既有规范，

却奉行另一套相当严格的规范。

——引言

天体营的"脱"与"轨"

主题　自由与秩序

天体营的人员是不穿衣服的，他们或认为衣服是一种违反自然的束缚，或认为它是阶级的标志，所以拒绝穿衣服。但因为社会上绝大多数人都是穿衣服的，他们成了少数的"脱轨人"，只好自成团体，在特别的"营地"里脱衣服。

　　一般人常误以为这些拒绝穿衣服的"脱轨分子"是一群大胆、淫荡、无耻的社会败类，但事实不然。根据加利福尼亚州立大学社会学家哈特曼的调查，天体营的人员虽然拒绝社会有关穿着的既有规范，但在其团体内奉行另一套相当严格的规范，比如他们禁止喝酒，也不能做身体接触，即使是夫妻，在路上行走时也不能手牵手或勾肩搭背。长时间凝视对方的裸体被认为是"非常恶劣"的行为，除非这种凝视是眼对眼的凝视，而天体营的人员对他们能只做眼对眼的凝视也感到骄傲。

　　由天体营的例子可以看出，从社会脱轨而出的人，他们反对的是某些社会规范，而不是主张"社会不必有规范"。

人是社会性的动物，一定数目的人聚在一起，自然会形成社会规范。一个人面对社会压力时，他们除了渴望自由外，还渴望"秩序"，而社会准则正是"自由"与"秩序"产生的辩证关系。

康德与叔本华都过着规律而几近刻板的生活，

但也许正因为这样，

使他们比一般人有更多的理性之光。

——引言

哲学家的规律生活

主题　规律

以《纯粹理性批判》一书而闻名于世的德国大哲学家康德，终身未娶，过着非常规律的生活，除了一次前往格但斯克，未曾离开他的家乡柯尼斯堡（现称加里宁格勒）。康德每天傍晚四点一定外出散步，据说柯尼斯堡的人们以康德走过自家门口的时刻来调整他们的时钟，因为康德就是一座"活动的标准钟"，由此也可知道康德的生活是多么规律。

　　康德每天一定请克劳斯教授吃午餐，而且每天必定请仆人把请帖送给克劳斯。克劳斯说："已定好每天吃午餐，又劳驾你送请帖，真不好意思。"康德说："如果我不送请帖，怕你今天不想来时又无法预先通知而感到为难。"

　　另一位以《作为意志和表象的世界》一书而闻名的德国哲学家叔本华，他生命的最后二十七年独居于法兰克福，每天的生活情形也都一样，早上七点起床，沐浴，喝一杯咖啡，然后坐到书桌前，写作到中午为止。然后外出，到"英国饭店"

吃午餐。饭后回家阅读到下午四点，然后外出做例行性散步，风雨无阻，每天总要散步两小时，六点钟到图书馆看《时报》。晚上去观赏戏剧或听音乐会，十点就寝。除了接待访客，偶尔打破自己生活秩序的"例外"外，二十七年如一日，过的都是这种规律生活。

这两位哲学家的日常生活，实际上已经超过"规律"而进入"刻板"的范畴。但也许因为这种习惯，使他们比一般人更具有"理性之光"。

这种尝试将自己及世界纳入有条不紊秩序中的人，常把心力投注在无情之物上，比如对科学的研究、对知识的追求等，而带动整个人类文明的进步，但他们自己的生命可能缺少世俗的欢乐。因为欢乐经常意指"失去控制"，这是他们所不想见的。

貌美如花的少女，变成了鹤发鸡皮的老太婆，

诗人伤逝，

但智者以另一种方式静观自得。

——引言

少女与老太婆

主题　静观自得

时间有一种很奇妙的表现。孔子说："逝者如斯夫，不舍昼夜。"时间是"逝者"，它像流水一般不舍昼夜地源源而来，但也不为谁而稍做停留。"抽刀断水水更流"，一个人越想留住时间，它就好像流逝得越快。

我们对时间的意识越强，就越失去"永恒"的概念，因为"永恒"是另一种"非时间"或"无时间"的现象。在人类的各种经历中，最类似"永恒"的应该是做梦，梦中没有时间的运行，特别是没有"线性时间"的因果关系。换句话说，它打破了事件的"先后顺序"，而以"整体的形式"将事件呈现在我们的脑海中。

打破时间与事件间的"线性关系"，可以使我们对人生产生更豁达的看法。比如一般人看一根木柴烧成灰烬，因为木柴在先，灰烬在后，所以是木柴消失了，变成灰烬。虽然灰烬再也无法恢复成原来的木柴，但我们不要以为"后来的灰烬"就是"以前的木柴"，我们应该了解，木柴就是木柴，灰烬就是灰烬。

这个意思是说，凡事虽然"刹那生灭"，但每一个刹那都是独立的，都是"无尽的现在"。六十年前貌美如花的少女变成今天鹤发鸡皮的老妇人，诗人感叹说："最是人间留不住，朱颜辞镜花辞树。"智者却能静观自得，因为他认为"貌美如花的少女"和"鹤发鸡皮的老妇人"，都是独立的存在，当他看见少女时，他不会去想以后她会变成老妇人；当他看见老妇人时，也不会去想以前她是个美貌的少女。换句话说，他打破"少女"与"老妇人"之间的"线性关系"，把握现在，把每一个刹那都视为"永恒"。

打破线性时间的束缚，才能使我们接近"永恒"。